KB185886

숫자 한국

오늘의 데이터에서
내일의 대한민국 읽기

박한슬

숫자 한국

사이언스북스
SCIENCE BOOKS

곧 세상과 만날 꿈틀이에게

왜 숫자를 읽어야 하나?

숫자 읽는 법을 배워야 한다는 이야기를 들으면 고개를 갸웃하는 사람이 많으리라 생각된다. 우리나라에 글을 읽을 줄 모르는 이가 드물듯, 숫자 읽기가 애써 배우기까지 해야 하는 일인지에 의문이 드실 테다. 물론 숫자를 읽을 줄 모르는 사람은 없다. 5,431,908과 같은 큰 수를 읽을 때 자릿수를 셈하느라 더듬거릴 수는 있지만, "오백사십삼만일천구백팔."을 읽지 못하는 사람은 없다. 그런데 단순히 숫자를 읽는 차원을 넘어, 그 숫자가 어떤 의미인지를 제대로 파악하는 사람이 드물다는 것이 문제다. 숫자도 '행간'의 숨은 뜻을 읽는 방법이 따로 존재하기 때문이다.

예를 하나 들어 보자. 윤석열 정부 출범 첫해인 2022년, 노조 조직률(전체 임금 근로자 중 노동 조합에 가입한 근로자의 비율)은 전년보다 1.1퍼센트포인트(%p) 감소하고, 노동 조합 조합원 수는 21만 명이 줄었다. 이 숫자에는 어떤 의미가 있을까? 노동계 일각에서는 이번 정부 들어 시작된 '노동 탄압'으로 이런 결과가 나타났다며 우려를 표했고, 정부와 여당은 '유령 노조'를 적발하고 단속해 과잉 집계되었던 노조원이 정상화된 것이라는 해석을 내놓았다. 각자의 정치적 이념과 노동관에 따라 같은 숫자를 두고도 해석이 달라지는 것이니, 주장만 두고 다투는 일에는 의미가 없다. 이 숫자를 좀 더 면밀히 살펴보자.

앞서 2021년과 2022년 사이에 노조 조직률이 1.1퍼센트포인트 감소했고, 노동 조합 조합원 수가 21만 명 줄었다는 숫자를 살펴봤다. 이런 변화가 나타날 이유는 크게 세 가지로 나눌 수 있다.

① 2021년에 노조 조직률이 높았던 이유가 있었다.
② 2022년에 노조 조직률이 낮아질 이유가 있었다.
③ 별다른 이유 없이 우연히 수치가 변동했다.

정부와 여당은 유령 노조를 정리한 것이라고 설명했으니 ①의 입장을 취한 것이라고 할 수 있고, 노동계는 윤석열 정부의 노동 탄압 때문이라고 주장했으니 ②의 입장을 취한 것이라고 할 수 있다. 두 주장 중 어느 쪽이 더 맞는지 확인하려면 숫자의 맥락을 살피는 과정이 필요하다. 2021년과 2022년 두 해를 비교하는 것이 아니라, 더 긴 기간을 비교해서 살펴야 하는 것이다.

얼마만큼 긴 기간을 살펴야 하는지에 대한 기준은 특별히 없으니, 우선 얼추 긴 기간이라 할 수 있는 10년 간의 변화를 살펴보자. 2013년부터 2022년까지 우리나라의 노조 조직률 변화를 그래프로 그리면 다음과 같다.

연간 노조 조직률

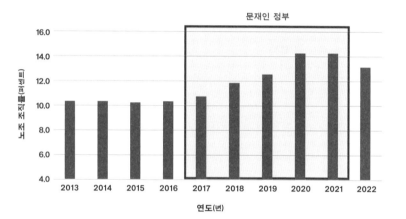

고용노동부, 「2022 전국 노동 조합 조직 현황」, 2023년 12월,
발간 등록 번호 11-1492000-000405-10.

연도(년)	노조 조직률(퍼센트)
2013	10.3
2014	10.3
2015	10.2
2016	10.3
2017	10.7
2018	11.8
2019	12.5
2020	14.2
2021	14.2
2022	13.1

문재인 정부

박근혜 정부(2013~2016년) 시기에는 대략 10퍼센트 수준을 유지하던 노조 조직률이 문재인 정부(2017~2021년) 시기에 꾸준히 오르다가, 윤석열 정부(2022년~) 시기에 들어 하락하는 추세(trend)가 비교적 명확하게 확인된다. 2023년 노조 조직률이 발표되면 더 확실해지겠지만, 단순히 1년간의 전후 비교보다는 훨씬 많은 정보를 얻게 되었다. 숫자의 맥락은 추세에 있기 때문이다.

그렇지만 이런 추세도 분석하는 시간의 범위에 따라서 달라질 수 있다는 것이 문제다. 최근 10년이 아니라 아주 긴 시간대를 살펴보자. 1992년부터 2022년까지 30년간 우리나라 노조 조직률은 어떻게 변했을까? 이를 그래프로 그리면 다음와 같이 나타낼 수 있다.

이렇게 살펴면, 앞서 파악한 것과는 좀 다른 맥락이 보인다. 우리나라는 1992년 이래 꾸준히 노조 조직률이 감소해 왔고, 그 강고한 추세가 문재인 정부 시기에 잠시 역전된 것으로 볼 수 있기 때문이다. 공공 부문의 비정규직 노동자를 정규직으로 일괄 전환해 공공 부문 노조원이 늘었다. '무노조 경영' 원칙을 고수하던 삼성과 포스코 그룹도 정부 방침에 따라 노조의 설립과 활동을 인정하고, 경영 파트너로 대우하며 민간 부문 노조원도 늘었다. 문재인 정부 노동 정책의 성과라 할 만하다. 이제 남는 의문은 하나뿐이다. 1992년부터 문재인 대통령 집권 전까지는 대체 왜 우리나라의 노조 조직률이 계속 줄어들었냐는 것이다.

앞서 살펴보는 시간의 길이를 늘여 풍부한 맥락을 확보한 것과 마찬가지로, 국가 간 비교를 수행하면 추가적인 맥락을 다시 확보할 수 있다. 만약 같은 기간에 다른 나라는 노조 조직률이 유사하게 유지되거나 상승했는데, 우리나라만 하락한 것이라면 이것은 우리나라가 가진 고유한 문제일 테다. 반대로 같은 기간에 다른 나라도 노조 조직률이 하락했다면, 이것은 세계적인 현상이라고 할 수 있다. 1992년부터 2022년까지 경제 협력 개발 기구(Organisation for Economic Co-operation and Development, OECD) 국가들의 노조 조직률을 살펴보자.

한국의 30년간 노조 조직률

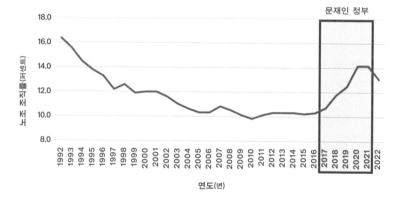

고용노동부, 「2022 전국 노동 조합 조직 현황」, 2023년 12월,
발간 등록 번호 11-1492000-000405-10.

연도(년)	노조 조직률(퍼센트)
1992	16.4
1993	15.6
1994	14.5
1995	13.8
1996	13.3
1997	12.2
1998	12.6
1999	11.9
2000	12.0
2001	12.0
2002	11.6
2003	11.0
2004	10.6
2005	10.3
2006	10.3
2007	10.8
2008	10.5
2009	10.1
2010	9.8
2011	10.1
2012	10.3
2013	10.3
2014	10.3
2015	10.2
2016	10.3
2017	10.7
2018	11.8
2019	12.5
2020	14.2
2021	14.2
2022	13.1

문제인 정부

OECD의 30년간 노조 조직률

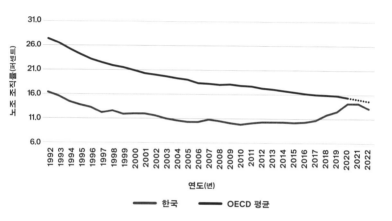

OECD, "Trade Unions: Collective Bargaining Coverage (Edition 2023),"
OECD Employment and Labour Market Statistics (database), 2024 및 고용노동부,
「2022 전국 노동 조합 조직 현황」, 2023년 12월, 발간 등록 번호 11-1492000-000405-10.

연도(년) \ 노조 조직률 (퍼센트)	한국	OECD 평균	OECD 평균 전망치
1992	16.4	27.4	
1993	15.6	26.5	
1994	14.5	25.3	
1995	13.8	24.2	
1996	13.3	23.2	
1997	12.2	22.5	
1998	12.6	21.9	
1999	11.9	21.5	
2000	12.0	20.9	
2001	12.0	20.3	
2002	11.6	20.0	
2003	11.0	19.7	
2004	10.6	19.3	
2005	10.3	19.0	
2006	10.3	18.3	
2007	10.8	18.2	
2008	10.5	18.0	
2009	10.1	18.1	
2010	9.8	17.8	
2011	10.1	17.7	
2012	10.3	17.3	
2013	10.3	17.1	
2014	10.3	16.8	
2015	10.2	16.5	
2016	10.3	16.2	
2017	10.7	16.0	
2018	11.8	15.9	
2019	12.5	15.8	
2020	14.2	15.4	15.4
2021	14.2		15.0
2022	13.1		14.6

OECD는 38개국이 가입한 경제 부문 국제 기구로, 선진국 대부분을 포괄한다. 그러니 OECD 평균 노조 조직률을 살펴보면 노조 조직률 변화의 세계적 맥락이 고스란히 드러난다. 우리나라에서만 노조 조직률이 하락한 것이 아니다. 전 세계적으로 노조 조직률이 꾸준히 하락하는 추세가 오랫동안 이어진 것이다. 이유를 살펴보자.

주요 선진국에서 노조 가입률이 뚝 떨어진 원인으로 꼽히는 것은 대략 세 가지다. 첫 번째는 세계화(globalization)다. 세계화로 생산 시설의 국외 이전(offshoring)이 가능해졌기에 기업도 노조의 강경한 파업에 대응할 훨씬 더 극단적 방법이 생겼다. 기업이 공장을 해외로 옮겨 버린다는 선택지가 생기니, 파업에 기대는 노동자의 협상력이 크게 줄었고, 노조 활동도 약화될 수밖에 없었다. 더군다나 세계화로 옛 공산권 국가의 막대한 노동력이 노동 시장으로 공급되며 기존 선진국 노동자의 협상력은 더욱 떨어졌다. 1970년대와 1980년대의 강성한 노동 조합 모델이 더는 불가능해진 것이다.

여기에 두 번째 요인인 산업 전환이 겹쳤다. 주요 선진국이 제조업 대신 고학력 사무직 노동자(white collar)가 필요한 지식 기반 산업으로 경제 구조를 재편하면서, 노조에 보호받을 필요성을 느끼는 노동자의 수 자체가 부쩍 줄었기 때문이다. 제조업 부문에서 노조가 활성화된 이유 중 하나는 제조업 종사 노동자가 다른 노동자로 대체되기가 상대적으로 쉬워서다. 그러니 노동자 개인이 회사에 갖는 협상력이 약해, 도리어 단체 행동을 통해 해고 등의 불이익에 공동으로 맞설 필요성을 서로가 강하게 느낀다. 반면에 사무직 노동자는 본인들의 대체 가능성이 작다고 생각해 노조 참여에 소극적인 편이다. 제조업에서 지식 기반 산업으로 이행하는 산업 전환이 주요 선진국의 노조 조직률을 낮추는 이유다.

여기에 마지막 쐐기를 박은 것이 글로벌 기업 간의 경쟁 심화다. 노조가 아무리 국내에서 이루어지는 노동 쟁의에서 이겨도, 내가 고용된 기업이 해외의 경쟁 기업에 패퇴하면 노동자는 일자리를 잃는다. 예를 들어 스

마트폰 시대 이전 굴지의 휴대 전화 제조사였던 노키아 (NOKIA)의 사례를 보자. 노키아는 노사 간 협력이 잘 이루어지는 기업이었고, 2007년에만 하더라도 무노조 경영 원칙을 유지하는 삼성전자는 절대 노키아를 이기지 못하리라는 비판이 노동계에서 흔히 나왔다. 한 예로 당시에 이용득(李龍得, 1953년~) 한국노동조합총연맹 위원장은 언론 인터뷰와 강연을 통해 삼성은 노키아나 도요타를 따라잡지 못할 것이라는 주장을 공개적으로 펼쳤다. 그렇지만 현재를 사는 우리는 그 결과를 이미 알고 있다. 노조의 유무와 관계없이, 국가 대표 기업이 글로벌 경쟁에서 밀리면 그 기업이 창출하던 일자리는 사라지게 된다. 그러니 각국은 자국 기업의 경쟁력을 높이기 위해 노동법을 기업에 유리한 쪽으로 개정했고, 그런 경향이 현재까지도 이어지고 있다.

이런 복합적인 요인이 작용해 전 세계적으로 노조가 약화를 거듭하게 된 것을 탈노조화(deunionization) 현상이라고 부른다. 내밀한 맥락을 이해해야만 하는 국제 현상이다. 그런데 이런 내용을 깊이 있게 소개하기는커녕 국내의 정치적 잇속을 위해 얄팍하게만 소비하는 게 우리의 현실이다. 이런 남들의 아전인수적 해석에 휘둘리지 않으려면, 숫자를 제대로 읽는 법을 배우고, 그 방법을 잘 숙달하는 수밖에 없다. 나는 이런 방법을 다양한 논쟁적 주제에 맞춰 전달하고자 『숫자 한국』을 쓰게 되었다. 이론적 설명보다는 구체적 사례를 통해 배우는 편이 쉽기 때문이다.

1장에서는 인구 변화와 사회에 대한 숫자들을 살펴볼 것이다. 숫자로 살펴본 저출산·고령화 시대 대한민국의 현실은 흔히 논의되는 내용과 조금 차이가 있다. 2장에서는 최근 다양한 가능성이 점쳐지는 인공 지능과 함께 경제에 관련된 숫자들을 살펴볼 것이다. 막연하게 짐작하는 인공 지능의 영향이 생각보다 훨씬 방대해서다. 3장에서는 기후 변화와 환경에 관련된 숫자들을 살펴볼 것이다. 이상 기후 시대의 영향이 이미 여러 분야에서 현실화되고 있어서다. 마지막으로 4장에서는 이런 시대 변화와 맞물려야 하는 규제와 정책에 관한 숫자들을 깊이 있게 읽어 보려 한다.

그렇지만 여는 글에서와 같이 모든 자료에 대해 일일이 설명을 붙이지는 않을 것이다. 엇비슷한 설명이 불필요하게 반복될수록 책을 읽는 독자의 피로감은 커지고, 그러다 실제로 주목해야 할 중요한 맥락을 놓치게 되는 일이 생길 수 있어서다. 대신 그런 작업의 부담은 오롯이 필자와 출판사가 졌다. 책에 수록된 표와 그래프는 특수한 예외가 아니라면 시간의 흐름에 따른 추세를 알 수 있게 다년간의 자료를 사용했고, 필요한 경우라면 해외와의 비교 혹은 성별이나 세대 간 비교도 수행했다. 그리고 각 장의 첫 글은 이어질 글들의 맥락을 이해하는 데 도움이 될 짤막한 글로 분위기를 파악할 수 있게끔 안배했다. 독자께서는 편히 읽어 주시기만 하면 된다. 부족하지만 이 책을 통해 독자들께서 우리 사회를 관통하는 숫자들을 제대로 된 맥락 속에서 읽어 냈으면 좋겠다.

차례

1장

인구 변화와 사회

1 한국인의 평균 수명

코로나 바이러스에 맞서 지켜낸
수명 연장의 시곗바늘

    숫자만을 접할 때, 근대 이전의 평균 수명은 종종 오해를 불러일으키곤 한다. 조선 말엽의 평균 수명이 34세였다는 정보를 접하면, 그때는 서른 남짓한 나이에 다들 요절했으리라 생각하기 쉬워서다. 그런데 그보다 몇천 년 전의 사람인 공자(孔子, 기원전 551~479년)도 73세까지 살다 떠났고, 제자인 자공(子貢, 기원전 520~456년)도 64세까지 천수를 누렸다. 공자가 제자에게 유학(儒學) 대신 도교의 양생법(養生法)을 가르쳐 제자들이 유독 장수한 것이 아니라면, 사람의 평균 수명에 대한 인식이 꽤 잘못되었다는 뜻이다.

한국인의 평균 수명을 처음으로 연구해 자료로 남긴 곳은 서울 대학교의 전신인 경성 제국 대학(京城帝國大學)이다. 의과 대학 교수였던 미즈시마 하루오(水島治夫, 1896~1975년)가 1926년과 1930년 사이의 한국인 수명 자료를 분석해 보니, 그 시기의 평균 수명이 34세로 나왔다. 그런데 공교롭게도 2021년 90세로 작고한 고(故) 전두환 씨가 1931년생이다. 욕을 많이 먹으면 장수한다는 속설을 입증하는 사례일지도 모르나, 당시 조사된 평균 수명과 괴리가 지나치게 큰데, 여기에는 나름 이유가 있다. 그즈음에는 태어나는 아이 100명 중 24명이 한 해를 넘기지 못하고 죽었기 때문이다. 0세의 나이로 사망하는 아이들도 평균값 산정에는 포함된다. 그러니 성년까지 생존한 이가 얼마나 오래 사는가와 별개로 '평균' 수명의 절댓값은 낮아질 수밖에 없던 것이다. 그야말로 평균의 함정이라고 할 수 있다.

이랬던 한국에도 뒤늦게 근대가 도래하며 영아 사망률과 아동 사망률은 빠르게 개선되었다. 아동의 생명을 앗아 가는 주요 질병이 백신 접종 덕에 대폭 감소했기 때문이다. 국내에서 통계를 집계하기 시작한 1970년 이래 대한민국 평균 수명은 단 한 차례도 줄어든 적이 없었고, 꾸준히 상승을 거듭하던 끝에 현재는 2023년 기준 83.5세로 세계 2위 수준에 올라섰다. 이런 현상은 비단 한국에만 국한된 것도 아니다. (구)소련 해체와 함께 국가 기능이 마비되었던 러시아 같은 아주 특수한 일부 사례를 제외하면, 주요 선진국에서 평균 수명이 감소하는 일은 여태껏 단 한 번도 발생하지 않았다. 선진국의 평균 수명을 인류 발전의 가늠자로 삼아도 될 정도다. 그런 찬란한 역사에 상처를 낸 첫해가 바로 2020년, 코로나19 범유행(pandemic) 원년이다. 영국의 예를 살펴보자.

영국은 1941년부터 국가 통계 기관인 중앙 통계국(Central Statistical Office, CSO)을 설립해 운영했을 정도로 대표적인 통계 강국이다. 그래서 주요 선진국 중에서도

영국인의 평균 수명

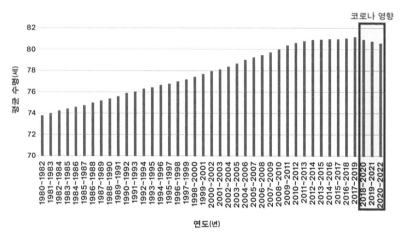

Office for National Statistics(ONS), "National Life Tables - Life Expectancy in the UK: 2020 to 2022," *Statistical Bulletin* (Jan 2024), ONS website.

연도(년)	평균 수명(세)	2000~2002	77.99
1980~1982	73.81	2001~2003	78.16
1981~1983	74.04	2002~2004	78.42
1982~1984	74.30	2003~2005	78.71
1983~1985	74.47	2004~2006	79.06
1984~1986	74.64	2005~2007	79.29
1985~1987	74.80	2006~2008	79.50
1986~1988	75.04	2007~2009	79.76
1987~1989	75.23	2008~2010	80.05
1988~1990	75.42	2009~2011	80.41
1989~1991	75.64	2010~2012	80.64
1990~1992	75.93	2011~2013	80.81
1991~1993	76.07	2012~2014	80.93
1992~1994	76.35	2013~2015	80.96
1993~1995	76.47	2014~2016	81.02
1994~1996	76.70	2015~2017	81.02
1995~1997	76.81	2016~2018	81.08
1996~1998	77.02	2017~2019	81.22
1997~1999	77.22	2018~2020	80.95
1998~2000	77.46	2019~2021	80.78
1999~2001	77.72	2020~2022	80.60

가장 긴 전국적 평균 수명 집계 기록을 갖고 있는데, 공식 집계는 1841년부터 시작되었고 출생과 사망 신고가 법적 의무가 된 1874년을 기준으로 해도 그 역사가 150년이 넘는다. 해당 기간 동안 영국의 평균 수명은 2배 가까이 늘었고, 현대적인 국가 통계가 정비된 1980년대 이후에는 단 한 차례도 평균 수명 하락이 관찰되지 않았다. 그런데 2024년 초에 발표된 자료에 따르면, 2020년부터 2022년까지 영국인의 평균 수명이 80.6세로 계산된다. 코로나 직전 기간보다 0.6세나 감소한 수치다. 평균 수명이 80.6세였던 해를 되짚어 가면 2010년까지 돌아가야 하니, 코로나19 범유행 한 번에 12년간 차근차근 누적된 수명 연장 효과가 감쪽같이 증발해 버린 것이다.

코로나19 범유행 시기의 강력한 방역 대책은 시행 당시 큰 반발에 직면했다. 우리나라만 그런 것이 아니다. 앞서 평균 수명의 변화를 살펴본 영국을 비롯한 유럽 국가는 물론 미국조차도 그랬다. 그렇지만 강력한 방역 정책은 그만큼의 효과를 실제로 발휘했다. 가령 '집단 면

1장 인구 변화와 사회

역(herd immunity)'을 주장하며 방역 정책을 포기하다시피 했던 스웨덴의 경우, 2019년 83.2세이던 평균 수명이 2020년 82.4세로 감소해 영국보다 더 심한 하락(0.8세)을 겪었다. 반면 우리나라는 2019년 83.3세이던 평균 수명이 2020년에는 83.5세로, 2021년에는 83.6세로 되레 늘었다. 주요 선진국 중 우리나라의 평균 수명 수치만 코로나 여파를 비껴간 것이다. 사회적 거리 두기가 점진적으로 종료된 2021년 이후에는 우리도 평균 수명이 감소해, 2022년에는 전년보다 0.87년이 줄었다.

이렇듯 갑작스럽게 닥친 감염병 재난의 여파조차 숫자를 살피면 더 명확히 이해할 수 있다. 코로나19가 일반 감기와 다를 바 없다는 식의 주장은 평균 수명이 처음으로 감소했다는 사실만으로 충분히 반박되며, 우리나라 방역 정책이 효과가 없다던 이들의 주장도 말이 안 된다는 사실을 쉽게 이해할 수 있다. 굳건한 숫자 앞에서는 정치적 편견이나 악의적 주장이 설 자리가 없기 때문이다.

이런 사실을 확인했으니, 이제 본격적으로 저출산·고

령화와 관련된 숫자를 살펴보자. 일상적으로 이야기하는 저출산·고령화의 상황과 숫자로 살핀 현실은 우리 짐작과는 꽤 다른 결과를 보여 주기 때문이다.

2 가구 소득별 산후 조리 기간

대한민국의 저출산 정책,
정말 제대로 되고 있을까?

의학적으로는 산모의 나이가 출산 예정일을 기점으로 만 35세 이상인 경우를 노산(老産)이라 정의한다. 2022년 기준으로 한국에서 첫 아이를 낳은 어머니의 평균 연령이 33세인 것을 고려하면, 이 기준을 지나치게 각박하다고 여길 수도 있다. 취업난으로 청년층의 사회 진출 시점이 늦춰지는 게 당연해진 시대. 생애 과정의 다음 단계인 결혼이 늦춰지는 만혼(晚婚) 경향이 따라오니, 출산 역시 예전보다 뒤로 미뤄지는 게 이상한 일은 아니다. 그렇지만 취업이나 결혼과 달리 인체는 의지에 따라 출산 시점을 마음대로 변경할 수 있는 문화적 구성물이 아니라는 것이 문제다. 사람은 노화에 따라 기능이 변화하는 육체를 가진 존재이기 때문이다.

1978년 영국에서 최초의 시험관 아기 루이스 브라운(Louise Brown)이 태어났다. 임신에 어려움을 겪던 브라운 부부가 이 담대한 시도에 동의한 덕분에 수많은 난임 가족이 아이를 가질 수 있게 되었고, 현재도 체외 수정(In Vitro Fertilisation, IVF) 시술이 난임 해결에 가장 많이 사용되고 있다. 그런데 루이스를 낳은 산모 레슬리 브라운(Lesley Brown, 1947~2012년)이 아이를 낳을 때 나이가 31세였다는 사실은 잘 알려지지 않았다. 당시 영국에서는 초산(初産)이 평균 22.7세 즈음에 이루어져, 지금 기준으로는 젊은 축에 속하는 31세 산모조차 '난임'으로 분류되었다. 더군다나 레슬리 브라운은 난관에 이상이 있어 저런 방법을 선택할 수밖에 없었다는 사정도 있다. IVF라는 기술의 도입이 지금과 같은 총체적 노산을 해결하기 위해서가 아니었다는 이야기다.

이를 적나라하게 보여 주는 게 '난자 얼려 두기'라 불리는 난자 동결 보존(oocyte cryopreservation)의 출산 성 공률이다. 스페인의 보조 생식 기술(assisted reproductive technology, ART) 기업인 IVIRMA 연구진이 2018년 발표한 내용에 따르면, 냉동 난자 5개를 IVF 시술에 사용했을 때 실제로 아이가 태어날 확률은 15.8퍼센트에 불과했다. 냉동 난자 10개를 쓰면 42.8퍼센트, 20개를 써도 77.6퍼센트에 그친다. 그런데 난자를 채취해 동결할 시점의 나이가 35세를 넘어가면, 얼려 둔 난자를 20개 이상 사용하더라도 실제 아이를 가질 확률이 49.6퍼센트에 불과했다. 난자를 미리 얼려 두었다가 추후 시험관 아기 시술을 받으면 임신과 출산을 얼마든지 유예할 수 있다는 인식이 별로 타당하지 않은 것이다.

건강 보험 심사 평가원 자료에 따르면 최근 5년간 난임 시술을 받은 환자 수는 매년 3.8퍼센트씩 증가해, 2022년에는 14만 명에 이르렀다. 2022년 출생아 수 25만

난자 사용량에 따른 출산 성공 확률

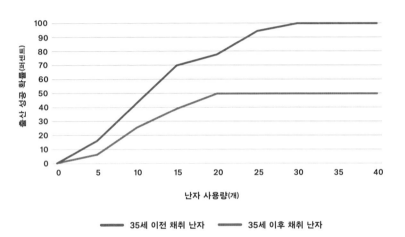

35세 이전 채취 난자　　**35세 이후 채취 난자**

Cobo, A. et al., "Elective and Onco-fertility Preservation: Factors Related to IVF Outcomes," *Human Reproduction* 33(12), Oct 2018, pp. 2222-2231.

출산 성공 확률 (퍼센트) 난자 사용량(개)	35세 이전 채취 난자 사용	35세 이후 채취 난자 사용
0	0	0
5	15.8	5.9
10	42.8	25.2
15	69.8	38.8
20	77.6	49.6
25	94.4	49.6
30	100	49.6
35	100	49.6
40	100	49.6

명의 절반을 부쩍 넘는 수다. 많은 부부가 임신 시도 과정에서 지속적인 실패를 경험하며, 극도의 무력감과 우울을 맛본다. 기왕 출산을 늦출 생각이라면, 난자 동결 보존이라도 35세 이전에 진행하는 편이 바람직하다는 상식적인 의학 정보도 제대로 전달되지 못해서다. 정부의 출산 장려 정책이 놓친 부분인데, 이런 정책 실패는 임신 준비 기간만이 아닌 산후 조리 기간에도 발생한다.

산후 조리원은 한국에만 있다. 일부 국가에 유사한 시설이 존재하는 사례도 있지만, 산후 조리원이 사회적으로 보편화된 국가는 한국이 거의 유일하다고 보아야 한다. 논란이 되는 부분은 산후 조리원이 한국에만 존재한다는 사실이 아니라 그 사실의 해석이다. 대체 왜 한국에만 다른 나라에 없는 유난스러운 형태의 산후 조리 문화가 발달했느냐는 것이다. 한국식 산후 조리가 과잉인 부분도 많지만, 산후 조리원 자체는 국내외의 제도적 차이와 문화적 변화가 맞물려서 만들어 낸 한국 고유의 현상이라고 읽는 편이 훨씬 합리적이다. 해외 여성과 비

교해 한국 여성의 태도나 기질을 문제 삼을 것이 아니라
는 뜻이다.

출산 후 몸조리의 필요성은 어느 나라에서나 같지
만, 사회가 그에 대처하는 방식에는 차이가 있다. 주요
선진국은 산모가 출산 후 산후 조리원 같은 시설에 입소
하지 않는다. 그런 시설이 없기도 하거니와, 산모 본인은
물론이고 배우자도 장기간의 출산 휴가(maternity leave)를
사용해 집에서도 부부끼리 요양이 가능해서다. 대신 전
문적인 산모 돌봄에 공백이 생길 수 있으니 국가나 지자
체 등의 보조로 전문 산후 조리 인력이 가정에 파견되어
산모를 돕는데, 한국은 남성 육아 휴직과 돌봄 인력 지
원이 모두 없다시피 하다는 것이 문제다.

2022년 기준 국내 육아 휴직자 중 남성은 27.1퍼센
트에 불과했다. 2010년의 2.7퍼센트에 비하면 10배나 늘
어난 값으로, 남성 육아 휴직에 대한 인식이 나아지고
있다고 볼 여지도 있다. 그렇지만 아내의 산후 조리를 남
편이 전적으로 돕기에는 여전히 턱없이 낮은 비율이다.

게다가 전문적인 산모 돌봄 인력이 지원되지도 않으니, 국내에서 산모 돌봄은 아직 제도적으로 거의 방치 상태다. 과거에는 이런 인력 공백이 크게 문제가 되지 않았다. 끈끈한 가족 문화에 기대어, 주로 친정 엄마가 그림자 노동(Schattenarbeit, 오스트리아 철학자 이반 일리치(Ivan Illich, 1926~2002년)가 '외부에서 돈을 벌어 오지 못하는 노동은 제대로 된 가치를 인정받지 못한다.'라는 의미로 만든 개념. 가사 노동이 대표적인 예다.) 형태로 산모를 돌봐 주어서다. 그렇지만 이런 돌봄의 토대가 되는 가족 문화가 변화하자 산모 돌봄에 다시 빈틈이 생겼다. 산후 조리원은 이런 돌봄 공백 상황에서 영리하게 기회를 포착한 것에 가깝다.

실제로 보건복지부의 「산후 조리 실태 조사 분석」을 살펴보면, 2020년에 출산한 산모의 81.2퍼센트가 산후 조리원을 이용한 것으로 나타났다. 고작 20년여 남짓한 역사를 가진 산후 조리원이 조직적으로 산모들의 행동 양식을 바꿨다고 보기는 어려우니, 그간 충족되지 못한 숨은 돌봄 수요가 그만큼이나 늘었다는 방증일 것이다. 문제는 돌봄 수요를 흡수한 산후 조리원의 절대 다수가 민간에서 설립한 시설이라 이용 요금이 결코 저렴하지 않다는 점이다. 비싼 비용에 부담을 느끼는 저소득층 산모는 여전히 산후 조리원에 접근이 어렵다.

숫자를 보자. 가구 소득이 월 200만 원 미만인 가정의 산모는 고작 58퍼센트만이 산후 조리원에서 전문적인 돌봄을 받았다고 응답했다. 심지어는 소득 수준에 따라 전체 산후 조리 기간도 차이가 났다. 소득 최저 구간 산모는 소득 최고 구간 산모보다 산후 조리 기간이 무려 12일이나 짧은 것으로 조사되었다. 소득이 증가함에 따라 뚜렷하게 증가하는 산후 조리 기간은 이 숫자의 맥락을 강렬하게 전달한다. 출산이 마무리된 다음에 발생하는 육아나 교육 부담 경감 이전에, 출산 직후 산모의 건강 관리에서 발생하는 격차조차 우리 사회가 제대로 해소해 주지 못하고 있다는 것이다.

사회에서 논의하는 것처럼, 저출산 문제 해결을 위해서는 거시적인 구조 개혁도 중요함은 알겠다. 그런데

가구 소득별 산후 조리 기간

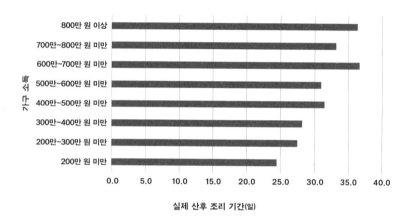

가구 소득

800만 원 이상
700만~800만 원 미만
600만~700만 원 미만
500만~600만 원 미만
400만~500만 원 미만
300만~400만 원 미만
200만~300만 원 미만
200만 원 미만

0.0   5.0   10.0   15.0   20.0   25.0   30.0   35.0   40.0

실제 산후 조리 기간(일)

보건복지부, 「2021년 산후 조리 실태 조사 분석」, 2021년 11월,
발간 등록 번호 11-1352000-003158-12.

가구 소득	실제 산후 조리 기간(일)
200만 원 미만	24.5
200만~300만 원 미만	27.5
300만~400만 원 미만	28.2
400만~500만 원 미만	31.5
500만~600만 원 미만	31.0
600만~700만 원 미만	36.7
700만~800만 원 미만	33.2
800만 원 이상	36.4

임신의 시작 단계에서 노산이 문제라는 책임을 임신을 준비하는 부부에게만 일방적으로 전가하고, 산모 돌봄 문제조차 해결하지 못한다면 그 모든 노력에 과연 어떤 의미가 있을지 의문이다. 인식을 바꾸는 캠페인도 좋고, 경제적인 유인을 제공하는 것도 좋지만 우선 난자 동결 보존 시술의 성공률부터 제대로 알리고, 산모 돌봄 제도부터 실효성 있게 다듬는 일이 우선이어야 한다. 거기다 더 큰 문제는 따로 있다. 이젠 일상적 잡담 소재로도 쉬이 등장하는 출산율이라는 개념을 우리가 상당히 오해하고 있어서다.

3 국군 현역 판정률

출산율을 둘러싼 혼선 속에서
떠오르는 저출산의 청구서

2024년 현재 15세인 여성이 평생 낳을 아이의 수는 몇 명일까? 이를 정확히 알기 위해서는 15세 여성이 폐경에 이를 때까지 35년 정도를 기다린 다음, 그가 평생 낳은 아이 수를 세어야 한다. 적확한 값을 알기 위한 학술 연구는 그렇게 해도 되겠지만, 당장 어떤 정책을 펼지 결정해야 하는 사람들은 그리 오래 기다릴 수가 없다. 그러니 어쩔 수 없이 값을 어림해야 하는데, 그 값이 바로 우리가 출산율이라 줄여 부르는 합계 출산율(total fertility rate, TFR)이다. 어떻게 구하는지를 간략하게 살펴보자.

우리는 평생 커피를 몇 잔 정도 마실까? 지금 15세인 남성이 80세까지 마실 커피의 잔 수를 한 번에 구하기는 무척 어려우므로, 이것을 조금 쪼개 보자. 15세 남성이 1년 뒤에는 커피를 몇 잔 정도 마실까? 정확히 알 수는 없지만, 현재 16세인 남성들의 평균 정도는 마실 것 같다. 그렇다면 15세 남성이 2년 뒤에는 커피를 몇 잔 정도 마실까? 역시나 정확히는 모르지만, 현재 17세인 남성들의 평균 정도는 마실 것 같다. 10년 뒤에는? 아마 현재 25세인 남성들과 비슷하게 마실 것이다. 이런 식으로 더해 가면 15세 남성이 80세까지 마실 커피의 잔 수를 거칠게나마 어림할 수 있다. 당연히 실제 값과는 차이가 나겠으나, 이런 어림값이라도 필요한 순간들이 있어서다.

합계 출산율도 마찬가지다. 15세인 여성이 평생 낳을 아이의 수를 한 번에 구하기란 너무 어려운 문제다. 그러니 이것을 조금 쪼개 보자. 현재 15세인 여성이 1년 뒤인 16세에는 아이를 몇 명 낳을까? 정확히 알 수는 없지만,

현재 16세인 여성이 낳는 아이의 수와 평균적으로 비슷하겠거니 추정은 할 수 있다. 2022년 기준으로는 0.0001명이다. 17세는? 0.0003명이다. 가장 아이를 많이 낳는 연령인 32세는 0.082명이다. 이런 식으로 각 연령대 여성이 그 해에 낳은 아이 수의 평균값을 모두 더하면 2022년의 합계 출산율 0.78이 된다. 이렇게 계산되는 값이다 보니, 결혼과 출산 연령이 예전보다 늦어지면 특정 세대의 평균 출산율이 떨어져 합계 출산율이 감소하고, 코로나19 범유행과 같은 외부적 요인으로 출산이 미뤄져도 출산율은 떨어진다. 경향은 있어도 여러 이유로 수치가 쉽게 요동친다.

어렵다면 계산법은 몰라도 된다. 문제는 이 값이 어떤 의미냐는 것이다. 출산율이라는 지표는 어디까지나 일종의 비(比)이다. 우리가 정말 알아야만 하는 값은 출생아 수다. 연봉 인상률보다는 내가 실제로 받는 연봉이 중요한 것과 같은 이치다. 출생아 수는 출산율과 가임기 여성 수의 곱이다. 출산이 여성만의 책임이나 의무는 아

20~34세 여성 인구

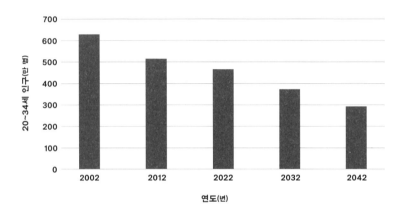

통계청,「장래 인구 추계(2022 인구 총조사 기준)」, 2024년 2월,
발간 등록 번호 11-1240000-000125-13.

연도(년)	20~34세 여성 인구(만 명)
2002	627.6
2012	514.3
2022	465.3
2032	372.4
2042	292.1

니지만, 출산은 여성의 몸을 통해서만 가능해서다. 그러니 여성 1명이 평생 아이 몇 명을 낳느냐는 합계 출산율을 따지기에 앞서, 애초에 아이를 낳을 수 있는 여성이 몇 명인지를 셈해 보는 과정이 선행되어야만 한다. 그런데 이 수치가 출산율보다 더 나쁘다.

　주로 출산이 이루어지는 나이대인 만 20~34세 여성 인구는 2022년 기준 465만 명이다. 그렇다면 10년 후인 2032년은 어떨까? 미래의 일이지만 사실 답은 이미 나와 있다. 2022년 기준 만 10~24세의 인구가 10년의 세월이 흐른 뒤에는 만 20~34세 인구가 되기 때문이다. 그렇게 계산해 보면 2032년의 20~34세 여성은 2022년보다 20퍼센트가 줄어든 372만 명이다. 그러면 2042년에는 어떨까? 이 역시 이미 정해져 있다. 2022년에 태어난 아이들이 20년 후에는 20세가 되기 때문이다. 그 값은 놀랍게도 2022년에서 40퍼센트만큼 줄어든 292만 명이다. 그때는 가임기 여성 1명이 아이를 2명씩 낳아도 전체 대한민국 인구가 무조건 감소한다. 무작정 출산율을 높이자는 주장만 반복되는 현실과 달리, 이미 미래 인구는 현재까지 태어난 아이들의 숫자로 최댓값이 결정되어 있다.

출산율을 끌어올리는 정책도 여전히 필요하긴 하겠지만, 역피라미드 인구 구조를 가진 사회를 어떤 형태로 운영해야 할지를 고민하는 데는 20년도 너무 짧다. 애초에 여성 인구가 이미 줄어든 상황에서 출산율만을 둘러싼 갖은 혼선(混線)이 아쉬울 뿐이다. 그렇다면 이미 결정된 인구 감소로 우리가 경험하게 될 것은 무엇일까? 가장 먼저 발생할 일은 병역(兵役) 자원의 감소다. 병역 자원이 될 남성 출생자 수는 꾸준히 주는데도 병력 규모를 비슷하게 유지하는 탓에, 현역 판정률이 계속 80~90퍼센트 수준을 넘나들고 있기 때문이다.

육군 병영 문화 혁신 위원회 출범식에서 발표된 자료에 따르면, 1986년의 현역 판정률은 51퍼센트 정도로 추정된다. 이 수치는 1993년 72퍼센트로 증가하는데, 병무청 「병무 통계 연보」에 따르면 2013년에는 91퍼센트까지 오른다. 같은 기준을 그대로 유지할 때 2020년대에는

국군 현역 판정률

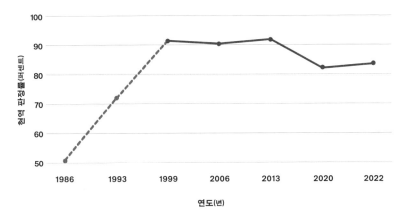

국방부, 「민·관·군 병영 문화 혁신 위원회 출범식」, 2014년 8월 보도 자료 및 병무청, 「2022 병무 통계 연보(I)」, 2023년 6월, 발간 등록 번호 11-1300000-000126-10.

연도(년)	추정치(퍼센트)	현역 판정률(퍼센트)
1986	51.0	
1993	72.0	72.0
1999		91.4
2006		90.4
2013		91.8
2020		82.3
2022		83.7

현역 판정률이 90퍼센트 후반까지도 증가할 수 있다는 우려가 있었고, 입영 대기자의 적체 현상이 심해지자 병역 판정 기준은 2015년부터 대폭 완화되기 시작했다. 그렇게 현역 판정률이 감소하다, 2018년 81.6퍼센트로 저점을 찍고, 2022년에는 83.7퍼센트 수준으로 소폭 반등해 유지되고 있다. 그렇지만 이렇게 낮아진 비율도 징병제를 시행하는 다른 국가보다는 월등히 높은, 그리 정상적이지는 못한 상태다.

특히나 주목해야 하는 것은 병역 자원의 수다. 2022년에 흔히 '신체 검사'라 불리는 병역 판정 검사를 받은 인원이 25만여 명이다. 그런데 같은 해인 2022년에 태어난 남아의 수는 절반가량인 13만 명뿐이다. 20년이 흐른 후에 이들이 똑같이 병역 판정 검사를 받는다면, 병역 판정 검사에서 현역 판정률 100퍼센트가 나오더라도 현재와 같은 국군 규모는 유지할 수가 없다. 결국 현재와 같은 병력 규모를 유지하기 위해서는 복무 기간을 지금 이상으로 크게 늘리거나, 여성도 징병하거나, 아예 모병제로의 전환만이 유일한 방법이다. 해법과 별개로 현재의 병역 시스템은 지속 가능하지 않다는 이야기다.

문제는 이런 변화가 국방에만 국한되지 않는다는 점이다. 지금도 다수의 돌봄 기관이 대체 복무의 일종인 사회 복무 요원의 노동력에 의존해 수요를 감당하고 있다. 병역 자원의 감소가 이어지면 이들도 현역병으로 징집될 개연성이 크다. 결과적으로 돌봄 노동에도 거대한 공백이 발생할 텐데, 이를 대비하려는 조치는 거의 이루어지지 않고 있다. 공짜에 가까운 의무 복무 인력을 돈 주는 인력으로 대체하는 데는 생각보다 예산이 많이 소요되기 때문이다. 바꿔 말하면 젊은이의 노동에 국가가 제값을 치르지 않은 상태로 저출산의 청구서를 계속 미뤄 왔다는 뜻이다.

이런 관점에서 보면 2022년 10·29 이태원 참사의 원인도 조금 다르게 읽을 여지가 있다. 지휘 계통의 책임 소재와 별개로 일선 경찰은 참사 전부터 대규모 인원 통제를 전담하는 기동대의 인력 부족을 호소하고 있었는데, 원래는 이 역할도 전환 복무의 일종인 의무 경찰 임용자들이 담당했다. 그러다 의경 제도가 점진적으로 폐지되며 기동대 인력은 2018년 대비 절반인 1만 3000여 명으로 줄었다. 직업 경찰로 구성된 경찰 기동대로 대체하는 과정이 재정 문제로 순탄치 못해서다. 인력을 어디에 배치하느냐 이전에 적정한 인력을 확보했어야 한다는 문제가 선행하는 것이다. 안전도 인력과 비용이 충원되어야만 달성 가능하다는 점을 간과한 대가다.

병역 자원의 감소는 시작일 뿐이다. 과거 통상적 출산율을 가정하고 설계된 제도들은 저출산 시대를 본격적으로 맞이하면서 점차 삐걱대고 있다. 이미 2042년에 20세가 되는 아이들까지 모두 태어났고, 그 과거를 지금 와서 바꿀 수는 없다. 그러니 돌이킬 수 없는 출산율 타령 대신 보다 적극적인 저출산 시대 인구 대책을 짜는 것이 더 시급한 문제다. 예컨대 최근 일어나고 있는 아르바이트생 구인난은 정말 최저 임금 상승, 또는 코로나19 범유행 여파 때문일까?

4 이유 없는 비경제 활동 인구

아르바이트생 멸종의 진짜 이유

최근까지도 아르바이트생 구인난을 호소하는 업장이 많다. 한때는 법정 최저 임금이 너무 높아서라는 말이 나오더니, 어느 시점부터는 코로나19 범유행 여파라는 분석도 나왔다. 그렇지만 코로나가 끝난 지 한참 후인 지금도 사정은 딱히 달라지지 않았다. 관련 통계를 살펴보자. 통계청 「경제 활동 인구 조사」에서는 매년 15~29세 청년층의 첫 일자리 통계를 내고 있다. 아르바이트 업종은 대부분 숙박이나 음식점업 혹은 도·소매업에 포함되니, 첫 일자리를 해당 분야에서 구한 청년은 '알바생'으로 일했을 개연성이 크다. 그런데 이 수치조차 최근 5년 사이에 17만 명 가까이 줄었다.

알바생으로 일하는 청년이 이렇게나 줄어든 이유는 무엇일까? 사실 그보다 먼저 따져 보아야 할 것은, '아르바이트(arbeit)'가 대체 무엇을 의미하냐는 것이다. 누군가 "이 직업이 아르바이트냐?"라고 물으면 답하기는 쉽겠지만, 아르바이트가 정확히 무엇인지를 정의하기란 쉽지 않다. 어떤 학자는 노동 시간을 기준으로 삼아 주 35시간 미만의 근로를 아르바이트라고 정의한다. 근로 시간이 아르바이트 여부를 결정한다는 것이다. 반면에 어떤 연구자는 시간제나 일용직 같은 고용 형태를 기준으로 아르바이트를 구분 짓기도 한다. 법적인 고용 형태에 따라 아르바이트인지 아닌지가 결정된다는 것이다. 하지만 이런 정의는 흔히 '알바'라 불리는 일자리들을 잘 설명하지 못한다. 왜냐하면 우리 사회에서 아르바이트라는 말이 지칭하는 대상은 어떤 균일한 직업군을 의미한다기보다는,

'번듯한 일자리'의 여집합(餘集合)에 속한 저소득 일자리를 포괄하는 말에 더 가깝기 때문이다.

예를 들어 보자. 다국적 대기업에서 주 30시간 일하며, 최저 임금을 받는 대학생 인턴 자리는 앞서 정의한 아르바이트의 범주에 꼭 들어맞는다. 그런데 이런 일자리를 '알바'라고 칭하는 사람이 있을까? 실질적으로 우리 사회에서 아르바이트라 불리는 직종은 대략 두 가지 조건을 만족하는 직업이다. 일차적으로는 특별한 숙련과 자격이 없이도 취직할 수 있는 서비스업 일자리에 속해야 하며, 이차적으로는 숙련을 쌓더라도 임금 수준이나 고용 형태에 별다른 발전 가능성이 없는 일자리여야 한다. 그러니 실질적으로 정규직에 가까운 편의점 무기 계약직도 '알바'라고 불리며, 경력 단절을 겪은 주부의 다양한 비상근(part-time) 일자리도 '알바'인 것이다.

이렇게 이해하면, 최근에 아르바이트생이 부쩍 줄어든 이유도 설명할 수 있다. 요즘은 대학교 재학 중에 갖은 경력과 자격을 취득해도 취업을 2~3년은 준비해야

첫 일자리로 아르바이트 업종에 종사한 청년

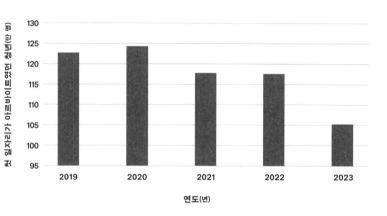

통계청, 「2023년 경제 활동 인구 연보」, 2024년 5월, 발간 등록 번호 11-1240000-000058-10 및
통계청, 「2023년 5월 경제 활동 인구 조사 청년층 부가 조사 결과」, 2023년 7월 보도 자료.

연도(년)	첫 일자리가 도매/소매/음식/ 숙박업이었던 청년(만 명)
2019	122.6
2020	124.2
2021	117.7
2022	117.5
2023	105.2

만 하는 시대다. 과거에야 경험 삼아 혹은 용돈 벌이 목적으로 알바 시장에 단기 노동력을 공급하던 대학생도 있었다지만, 이제는 정말 생활비를 벌 목적이 아니라면 무의미한 숙련을 쌓는 단기 일자리에 참여할 이유가 없다. 청년들이 궂은일을 꺼려서가 아니라, '번듯한 일자리'를 갖기 어려워진 상황이 알바할 여유조차 앗아 간 것이다. 현재 청년들조차도 이런데, 앞으로는 젊은 인구 자체가 줄어드는 시기가 온다. 사장님들이 오지 않을 아르바이트생을 막연히 기다리는 대신 다른 대책을 마련해야만 하는 이유다. 그런데 묘한 현상이 한 가지 관찰된다. 고용을 발생시킬 자영업자들은 구인난을 호소하는데, 실업률 지표는 계속 줄어들고 있다. 왜 이런 일이 생겼을까?

정말로 최근의 실업률 수치는 부쩍 좋아졌다. 예년에는 평균 3.7퍼센트 정도를 유지하던 실업률 수치가 2022년 2.9퍼센트로 뚝 떨어지더니, 2024년 8월에는 1.9퍼센트까지 떨어졌다. 1997년 외환 위기 이후 역대 최저치다. 실업률이 떨어진다니 축하해야 할 일처럼 보이지만, 여기에는 찜찜한 사정이 하나 숨어 있다. 실업률 통계에는 구직 자체를 단념한 이를 아예 집계 대상에서 빼 버린다는 중요한 맹점이 존재하기 때문이다. 정작 구직을 위해 노력할 때는 실업자로 분류되다, 구직을 단념하는 순간 실업자가 아니게 되면서 실업률이 감소하는 역설적인 구조다.

일반적으로 15세 이상, 65세 미만의 인구는 인구 통계학에서 '생산 가능 인구(working age population)'로 분류된다. 우리나라는 일하는 노년도 포함하기 위해 15세 이상 인구를 기준으로 생산 가능 인구를 집계하는데, 2023년 기준으로 4541만 명 정도다. 그렇지만 이들이 모두 소득을 얻기 위한 경제 활동에 종사하는 것은 아니므로, 4541만 명 중 경제 활동에 참여하는 중이거나 참여할 의사가 있는 사람을 별도로 구분할 필요가 있다. 이들이 바로 2925만 명 정도의 '경제 활동 인구(economically active population)'다. 이들을 제외한 나머지 1616만 명은 경제 활동에 참여하지도 않고, 참여할 의사도 없는 '비경제 활동 인구(economically inactive population)'라 할 수 있다. 이 사람들은 왜 경제 활동에 참여하려는 의사가 없는 걸까?

통계청 조사에 따르면, 이들이 경제 활동에 참여하지 않는 데는 나름의 이유가 있다. 대표적인 사례가 육아와 가사에만 전념하는 전업 주부다. 이들은 분명 가치 있는 일을 하고 있지만, 눈에 보이는 소득은 없는 탓에 경제 활동 인구로 분류되지 않는다. 사람들이 경제 활동에 참여하지 않는 또 다른 중요한 이유는 학업이다. 우리나라는 대학 진학률이 79퍼센트에 달하는 고학력 사회이다 보니, 20대에 접어든 청년의 상당수는 꽤 긴 기간을 학업에 매진하느라 경제 활동에서 빠진다. 그 외에도 고령을 이유로 직업 활동에서 은퇴한 사람, 또 몸과 마음의 장애를 이유로 쉬는 사람까지 모두 꼽아 봐도 여전히 '이유 없는' 이들이 남는다. 그런데 그 수가 무려 300만 명이라 문제다.

2013년에는 이런 '이유 없는' 경제 활동 미참여자의 숫자가 220만 명 정도에 불과했다. 그런데 10년이 지난 2023년에는 그 숫자가 309만 명으로 껑충 뛴다. 10년 사이에 이유 없는 경제 활동 미참여자가 100만 명 가까이 늘어난 것이다. 혹자는 이를 실업 급여 수급 조건이 지나치게 후해진 탓에 발생한 문제라고 여길 수도 있다. 그렇지만 실업 급여 신청자는 같은 기간 30만 명 정도 늘어난 것이 고작이고, 다들 형식적으로라도 구직 활동을 하기에 이들은 명목상으로는 분명 경제 활동 인구다. '이유 없는' 비경제 활동 인구가 100만 명이나 늘어난 까닭을 설명할 수 없다는 뜻이다. 현재 운영 중인 실업 급여 제도에 개선이 필요할지는 몰라도, 숫자를 확인해 보면 해당 제도가 비경제 활동 인구 증가의 이유가 될 수는 없다.

더 큰 문제는 이들이 실제로 뭘 하고 있는지조차 제대로 파악되질 않는다는 점이다. 어쩌면 성매매나 도박 같은 불법적인 영역에서 일할 수도 있고, 이웃 나라 일본처럼 고립·은둔 청년(히키코모리)으로 사회와 단절된 삶을 사는 중일지도 모른다. 그렇지만 현황과 원인을 모르니, 제대로 된 대책도 없는 상태다. 지금껏 살펴본 것처

이유 없는 비경제 활동 인구

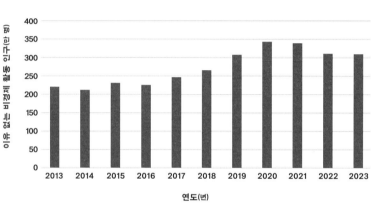

통계청, 「2023년 경제 활동 인구 연보」, 2024년 5월, 발간 등록 번호 11-1240000-000058-10 및
통계청, 「2023년 8월 경제 활동 인구 조사 비경제 활동 인구 부가 조사 결과」, 2023년 11월 보도 자료.

연도(년)	이유 없는 비경제 활동 인구(만 명)
2013	220.0
2014	211.5
2015	230.4
2016	225.0
2017	246.0
2018	265.2
2019	307.0
2020	342.3
2021	338.5
2022	310.2
2023	309.0

럼 우리나라는 더 낳을 여력을 고민할 단계는 이미 지났다. 결국 우리에게 남은 방법은 태어난 사람을 최대한 잘 활용하는 것뿐이다. 사람이 많아 노동의 값어치가 낮던 시절의 '알바' 처우 개선은 물론, 어디서 무엇을 하는지도 모를 비경제 활동 인구를 다시 경제 활동으로 끌어낼 방법을 고민해야만 한다. 공허한 출산율 제고 논의만 되풀이할 시간에 이런 만만찮은 과제들을 풀어 나가야 실질적인 저출산·고령화 대비가 가능하기 때문이다. 상황을 더 어렵게 만드는 것은, 우리가 노년의 삶과 죽음도 동시에 고민해야만 한다는 점이다.

5 노년 부양비 추계

우리 앞에 다가온 '오래된 미래' 간병과 돌봄 재난

평소에 운동해야 한다는 조언을 흘려듣는 사람이 많다. 고혈압이나 당뇨병과 같은 만성 질환을 앓는 이들조차도 그런데, 고혈압이나 당뇨병을 그저 '무언가 수치가 높다.'라는 추상적 건강 위험으로만 인식하니 약을 제대로 챙겨 먹지 않는 경우까지도 생긴다. 뭐 별일 있겠냐는 낙관으로 치료 적기를 놓친 채 나이만 먹게 되면 콩팥(신장) 기능이 훼손되는 경우가 잦다. 보통은 콩팥을 소변이나 만드는 하찮은 장기라고 생각하기 쉽지만, 콩팥은 혈액을 깨끗하게 걸러 주는 필터 기능을 수행하는 무척 중요한 장기다. 정수기가 물에서 이물질과 역한 냄새를 걸러 내듯, 콩팥은 혈액에서 노폐물을 걸러 소변으로 배출하는 여과 기능을 수행한다.

이런 중요한 기능을 맡은 콩팥이 망가지는 대표적인 상황이 바로 당뇨병과 같이 만성적으로 혈당이 높아지는 경우다. 혈당이 높아지면 혈액은 마치 시럽처럼 끈적해지는데, 콩팥에서 혈액 여과를 담당하는 미세 혈관은 이런 병리적 상태를 잘 버티지 못한다. 과하게 점성이 높은 액체 때문에 정수기 필터가 망가지는 것처럼 콩팥이 손상을 입는 것이다. 비슷한 일은 고혈압에서도 나타난다. 혈액을 여과하는 콩팥에 높은 혈압이 계속 가해지면, 미세 혈관이 과도한 혈압을 버티지 못해 손상을 입기 때문이다. 이처럼 콩팥에 손상을 입어 혈액 여과 기능이 작동하지 못하는 상태를 만성 콩팥병(신장병)이라 부르는데, 이들이 2022년 기준 3만 명쯤 되는 콩팥 이식 대기자의 정체다. 전체 장기 기증 대기자의 76퍼센트 정도가 콩팥

이식 대기자라는 사실을 고려하면 다들 가진 성인병 하나라고 만만하게 여길 일이 절대 아니다.

한국 장기 조직 기증원에 따르면 2022년 한 해에만 2,912명이 장기 이식을 기다리다 사망했다. 운 좋게 아직 '대기자 명단'에 이름을 올려놓은 채 버티는 사람만 하더라도 4만여 명. 이들 역시 장기 이식을 받지 못하면 결국 사망할 수밖에 없으므로, 결코 적지 않은 수다. 이들이 이렇게 오래 기다리는 이유는, 친인척을 제외하면 뇌사자 장기 기증 외에는 장기 이식을 받을 다른 경로가 적어서다. 그 탓에 2020년 기준으로 콩팥 이식을 받으려면 꼬박 4년 9개월을 기다려야만 한다. 그러니 기다리다 죽는 사람이 나오고, 막대한 금액을 지불하고라도 '기증' 형식을 빌려 불법 장기 매매를 시도하는 이들도 꾸준히 적발된다. 오죽하면 미국 같은 나라는 유전자 편집 돼지의 콩팥을 사람에게 이식하는 기술을 개발하고 있을까. 세계적 고령화 시대의 슬픈 초상이다.

노년 인구의 증가로 장기 이식의 필요성이 커지는

장기 이식 대기 중 사망자 수

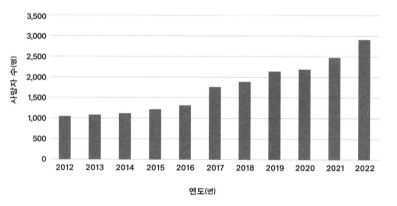

한국 장기 조직 기증원, 「2022 한국 장기 조직 기증원 연간 보고서」, 2023년 4월.

연도(년)	사망자 수(명)
2012	1,053
2013	1,086
2014	1,120
2015	1,218
2016	1,318
2017	1,762
2018	1,894
2019	2,144
2020	2,194
2021	2,480
2022	2,912

것도 나쁜 상황이지만, 더 시급한 문제는 간병과 돌봄 인력의 확충 문제다. 여기서 저출산과 고령화가 만난다. 간단히 계산해 보자. 2023년에 태어난 아이들은 15년 뒤 만 15세가 된다. 연도로 짚어 보면 2038년이다. 그러니 사망률이 현재와 유사한 수준으로 유지된다는 전제를 깔면, 우리는 15년 뒤의 15세 이상 인구를 대략적으로 추정할 수 있다. 나머지 연령에 대해서도 같은 방식의 계산을 적용할 수 있으므로, 우리는 2038년의 전체 인구 추정은 물론 15세부터 65세까지의 연령대를 일컫는 생산 가능 인구도 계산할 수 있다.

같은 방식으로 65세 이상의 노령 인구가 몇 명인지도 구할 수 있으니, 생산 가능 인구 1명이 노령 인구 몇 명을 부양해야 하는지를 뜻하는 노년 부양비(old-age dependency ratio)도 구할 수 있다. (부양비는 생산 가능 인구와 그 외 나이대(아동 청소년, 노년)의 인구비를 뜻하지만, 노년과 아동 청소년을 따로 분리해서 노년 부양비와 같은 수치를 구할 수도 있다.) 2023년의 생산 가능 인구가 3657만 명이고 노령 인구가 942만 명이니, 노년 부양비는 두 값을 나눈 0.26이다. 쉽게 말해 한창 일할 나이대의 청장년층 4명이 노인 1명의 부양비를 나눠서 짊어진다는 의미다. 여기까진 현재의 유럽 선진국과도 크게 차이가 없는 수준이다. 그런데 15년 뒤, 세 수치의 변화는 어떨까?

15년이 흐른 2038년에는 생산 가능 인구가 3013만 명 수준으로 줄고, 노령 인구는 1646만 명으로 늘어 노년 부양비가 0.55로 2023년보다 2배 가까이 뛴다. 다시 말해 2023년에 태어난 아이들이 15세가 되는 해에는 청장년층 2명이 노인 1명을 오롯이 부양해야 한다는 의미다. 일차적으로는 직접적인 노인 돌봄 인력의 부족도 문제겠지만, 고부가 가치 산업에 종사해야 할 생산 가능 인구가 돌봄 노동 영역으로 빨려 들어가는 것은 이차적인 문제를 만든다. 반도체나 금융, 정보 기술(information technology, IT) 같이 생산성이 높은 분야에서 훨씬 더 많은 부가 가치를 창출할 사람들이 생산성 낮은 돌봄 노동에 종사하면 국가 전체의 생산성이 감소하는 효과가 나

2040년까지 노년 부양비 추계

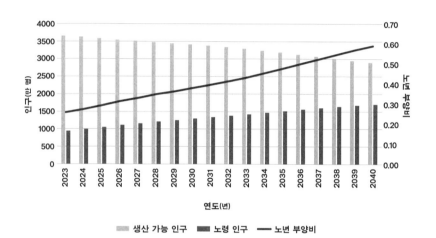

통계청, 「장래 인구 추계(2022 인구 총조사 기준)」, 2024년 2월,
발간 등록 번호 11-1240000-000125-13을 저자가 재가공.

연도(년)	생산 가능 인구(만 명)	노령 인구(만 명)	노년 부양비
2023	3657.1	942.8	0.26
2024	3632.7	993.0	0.27
2025	3591.2	1050.6	0.29
2026	3548.7	1111.6	0.31
2027	3518.3	1158.7	0.33
2028	3480.3	1211.4	0.35
2029	3451.7	1250.9	0.36
2030	3416.5	1296.6	0.38
2031	3381.1	1340.2	0.40
2032	3342.5	1381.5	0.41
2033	3297.9	1424.0	0.43
2034	3241.8	1474.2	0.45
2035	3187.7	1518.4	0.48
2036	3128.3	1564.7	0.50
2037	3071.2	1606.2	0.52
2038	3013.0	1646.0	0.55
2039	2955.1	1682.7	0.57
2040	2902.9	1711.4	0.59

타나기 때문이다. 그야말로 복합적인 '돌봄 재난'이다.

설령 올해 기적적인 저출산 대책이 나와, 내년부터 출산율이 대폭 늘어도 바뀌는 것은 없다. 신생아가 출생 즉시 노동 시장에 진입하는 것이 아니라서다. 앞에서도 여러 번 강조했듯, 저출산 정책을 아무리 붙들고 있어 봤자 '오래된 미래(Ancient Future)'인 간병과 돌봄 문제는 해결되지 않는다. 고령의 노인을 돌볼 인력을 양성하고, 이들에게 필요한 복지 지출과 의료 비용을 마련할 대책을 찾는 것은 이제 저출산과는 별개의 영역에서 다루어야만 한다. 그런 논의에만 쓰여도 부족할 시간이 원인조차 불명확한 저출산을 해결한다는 데 허비되고 있는 게 얼마나 안타까운 일인가.

이제는 미래의 인구 구조가 어느 정도 결정되었다는 사실을 받아들이고, 그 안에서 발생하는 문제에 어떻게 대응할지를 고민해야만 한다. 이번 장에서 살펴봤듯, 저출산 정책으로는 이런 문제를 해결할 수 없다. 적어도 15년 전이나 20년 전에 시도했으면 몰라도 지금은 그런 시점을 놓쳤다. 그런데도 여전히 사회적 논의가 저출산 영역에만 머물고 있다는 것이 우리나라의 진정한 비극이다.

전통적인 경제 구조가 유지되는 상황에서 인구 구조의 변화에 대응하기도 어려운 일인데, 최근 벌어지는 인공 지능(artificial intelligence, AI) 분야의 눈부신 발달은 새로운 불확실성을 더하고 있다. 이미 AI는 여러 측면에서 범용 기술(general purpose technology)로서의 특징을 보여 주고 있다. 과거 전기나 증기 기관이 그랬듯 여러 분야에 두루 적용될 수 있으며, 사회적으로도 다양한 외부 효과(external effect)를 발생시키고 있어서다. 독자 중에 전기 이전의 삶을 상상할 수 있는 이들은 손에 꼽을 테니, 또 다른 범용 기술인 인터넷의 등장 이전과 이후를 비교해 보면 사회가 얼마나 바뀔지를 가늠해 볼 수 있을 테다. 다음 장에서는 관련 내용을 살펴보자.

0	0	0	0	2	7	8	1
+	0	2	%	1	9	0	1
5	5	0	0	×	0	3	1
0	0	0	4	0	3	0	%
%	0	9	4	0	+	5	0
7	0	%	0	.	0	0	0
-	0	0	-	1	×	0	0
1	%	0	%	2	0	.	0
7	5	0	0	×	0	%	0
×	3	0	%	×	2	0	0
5	×	1	5	3	%	0	.
8	%	+	1	4	×	2	5
-	3	0	%	2	2	0	%
0	.	0	0	+	6	0	.
0	+	-	2	0	×	5	4

2장

인공 지능과 경제

6 인공 지능 노출 지수

AI가 일자리를 빼앗는 방법

    2023년 겨울, 한국은행이 발행한 「AI와 노동 시장 변화」 보고서가 화제였다. 의사 같은 직업은 AI 노출 지수가 높아 AI에 의한 대체 가능성이 가장 크고, 성직자 같은 직업은 AI 노출 지수가 낮아 대체 가능성이 작다는, 일반의 인식과는 괴리가 있는 내용이 많이 담겨서다. 이와 같은 괴리가 일어난 주된 원인은 해당 분석이 '대체 가능성'을 특정 직업에 관련된 AI 특허 숫자로 산출했기 때문이다. 어떤 논리로 특허와 직업의 대체 가능성을 연결지은 걸까?

내가 AI를 개발하는 IT 기업을 운영 중이라고 생각해 보자. 기왕 고성능 AI를 만든다면, 기술 개발로 생겨날 부가 가치가 가장 높은 직무를 대체하는 AI를 개발하는 게 개발 비용 대비 이윤을 극대화하는 방법일 테다. 그래서 노동 경제학 연구자들의 한 분파는 기술 개발로 생겨날 부가 가치가 가장 높은 직무부터 대체되리라고 가정하는데, 그리 비현실적이지는 않다. 대체 가능성을 가늠할 지표로서 특허 출원 건수가 선택된 것도 이상한 일은 아니다. 상업화가 불가능하면 특허 출원도 애써 노력할 이유가 없어서다. 결과적으로 현재는 의료와 관련된 AI 특허가 가장 많고, 성직(聖職) 수행을 위한 AI 특허는 거의 없다. 그러니 성직자가 의사보다 대체 가능성이 작다는 결론이 난 것이다. 특정 직무를 대체하는 게 얼마나 어렵냐와, 실제로 그 직무가 대체될 가능성이 크냐는 별개의 문제라는 관점이다.

그렇지만 꼭 이런 방식으로만 AI의 직업 영향을 분

석할 수 있는 것은 아니다. 상업적 기술 개발이 아닌, 직업 고유의 특징을 분석해 AI에 대한 노출 지수를 계산할 수도 있어서다. 예를 들어 교사라는 직업이 AI로 대체될 수 있을지를 분석한다고 해 보자. 이런 경우 흔히 사회에서 이루어지는 토론은, 교사의 전문성에 대한 성토나, AI 성능에 대한 상찬, 그리고 '스승의 은혜'같이 계량화하기 힘든 정성적 개념이 뒤섞이며 난장판만 될 가능성이 크다. 이런 상황에서 던져야 할 제대로 된 질문은 이것이다. 교사라는 직업(occupation)이 수행하는 다양한 직무(task) 중 얼마만큼을 AI가 대체할 수 있냐는 것이다. 구체적인 판단 과정을 살펴보자.

교사라는 직업은 여러 가지 직무의 묶음으로 이해될 수 있다. 학교에서 이루어지는 수업, 학생에 대한 돌봄, 시험 문제 출제, 학부모의 민원 처리, 학교 생활 기록부 작성, 현장 체험 학습 인솔 등 교사라는 직업이 수행하는 직무는 무척 다양하다. 이 모든 직무를 AI가 대체할 수는 없지만, 일부 직무, 예를 들어 시험 문제 출제나

잡다한 행정 업무 같은 것은 어쩌면 적당한 성능의 AI로도 상당 부분 대체할 수 있다. 만약 이런 식으로 AI가 대체하는 직무가 교사 전체 직무의 20퍼센트라면, 교사라는 직업의 AI 노출 지수를 20퍼센트로 볼 수 있지 않겠냐는 논리다.

챗GPT(ChatGPT)를 개발한 오픈AI(OpenAI) 사가 2023년 중순 발표한 노동 영향 전망에 따르면, 연구자들은 미국 노동자의 약 80퍼센트는 챗GPT 같은 거대 언어 모형(large language model, LLM) 도입으로 직무의 최소 10퍼센트가 영향을 받을 것으로 추산했다. 나머지 20퍼센트 노동자는 노출 지수가 더 높아, 이 직군들은 직무의 최소 50퍼센트 이상이 영향을 받을 것으로 예측된다. 가령 세무사나 웹 디자이너 같은 직군은 거의 100퍼센트에 가까운 영향을 받으리라 추정되었으며, 전혀 영향이 없는 직종으로는 전산상으로 도저히 업무를 처리할 수 없는 오토바이 수리공이나 스포츠 선수를 꼽는 식이다. 여기까진 해석이 쉽다. 전자는 대체 가능성이 클 테고,

후자는 대체 가능성이 극히 작을 테니까. 해석이 까다로워지는 영역은 이런 양극단 직업 외의 애매한 직업이다.

나머지 직업에 대한 AI 노출의 결과는 직업의 완전 대체가 아닌, 일자리 감소다. 가령 오픈AI의 분석에 따르면, 출판업계 직무의 약 50퍼센트는 AI로 대체되거나 업무 능률이 비약적으로 상승할 수 있다. 직무의 50퍼센트가 대체된다는 말의 진짜 의미는 기존에 20명이 해야만 하던 일을 이제는 10명 남짓으로도 충분히 할 수 있다는 것이다. 즉 AI가 기존 출판업계 일자리를 50퍼센트 정도 줄일 수도 있다는 뜻이다. 이렇게 봐야 노동자 80퍼센트는 직무의 최소 10퍼센트가 영향을 받고, 노동자 20퍼센트는 최소 50퍼센트가 영향을 받는다는 말이 바르게 읽힌다. 현재 일자리 100개 중 80개는 10퍼센트 정도 감원이 이루어질 수 있고, 나머지 20개는 50퍼센트 정도의 감원이 발생할 수 있다는 의미다. 일자리 80개의 10퍼센트인 8개, 일자리 20개의 50퍼센트인 10개를 합산하면 일자리 100개 중 18개, 즉 18퍼센트가 AI 등장으로 줄어

LLM에 대한 AI 노출 지수

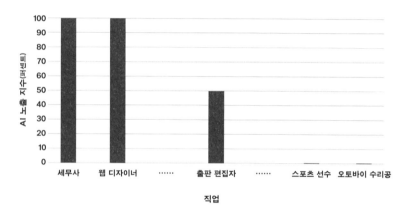

Eloundou, T. et al., "GPTs are GPTs: An Early Look at the Labor Market Impact
Potential of Large Language Models," *arXiv:2303.10130* (Aug 2023).

직업	AI 노출 지수(퍼센트)
세무사	100
웹 디자이너	100
......	
출판 편집자	50
......	
스포츠 선수	0
오토바이 수리공	0

드는 셈이다. 막연한 일자리 영향 논의보다 구체적인 숫자를 접하니 상황이 좀 달라 보이지 않는가?

　우리 사회에서 AI에 대한 논의는 이런 현실적인 숫자에서 출발해야 한다. 모든 직업이 AI로 대체되고 말 것이란 막연한 공포가 별로 도움되지 않는 것처럼, 무료로 사용해 본 AI 도구가 사람이라면 하지 않을 오류를 범했다며 비웃는 것도 현실과 동떨어진 인식임은 마찬가지다. 동일한 AI 모형도 사용하는 사람에 따라 다른 결과물을 내놓을 수 있으며, 어떤 데이터를 추가로 제공하는지에 따라 성능이 비약적으로 달라질 수 있기 때문이다. 그러니 AI에 대한 이야기는 데이터로부터 시작해 보려 한다. 데이터의 중요성은 널리 알려졌지만, 정작 힘주어 강조할 부분이 그동안 널리 알려진 이야기와는 꽤 달라서다.

2장 인공 지능과 경제

7 마약류 사용량 추정치

한국 하수구에서 뽑아낸 빅 데이터

해외에서는 하수 역학(wastewater-based epidemiology)이
라는 기법이 마약 등의 불법 약물 탐지에 적극적으로 이
용되고 있다. 사람이 약물을 삼키거나 주사하면, 약물은
체내의 자연스러운 대사 과정을 거쳐 소변과 대변의 형
태로 배출된다. 아무리 교묘한 마약 중독자라도 배변은
꾸준히 해야 하니, 이들이 화장실에서 만들어 낸 배설물
에는 마약 잔여물이 반드시 포함되어 있다. 그러니 이런
폐수가 모인 하수 처리장의 마약 잔여물 농도를 구해서,

그 지역 인구가 배출하는 대소변량을 이용해 역산(逆算)하면 해당 지역의 마약 투약자 규모를 파악할 수 있다는 논리다. 하수구로 버리기에 급급했던 생활 폐수에 숨겨진 귀중한 정보다.

국내에서는 2020년부터 식품 의약품 안전처가 이 기법을 국내에 도입하는 시범 사업을 진행해 현재까지 4년 치의 자료가 나왔다. 그런데 이 결과가 꽤 충격적이다. 대도시 지역에서 주로 사용되리라 생각한 마약이 실질적으로 전국의 모든 하수 처리장에서 검출되었기 때문이다. 식약처 발표에 따르면 검사가 진행된 4개년 평균값 기준, 인구 1,000명당 하루에 투약하는 필로폰 사용량은 20밀리그램(mg)으로 나타났다. 일반적인 필로폰 투여량이 1회에 30밀리그램 정도니, 인구 1,500여 명 중 1명꼴로 필로폰을 매일 1회씩 투약하고 있다고 해석할 수 있다. 2023년 기준 대한민국 성인 인구가 4350만 명인 점을 고려하면 하루에 1회씩 매일 투약하는 마약 사범의 수는 2만 9000여 명으로 추산된다. 매년 검거되는 마약 사범 수가 1만 명이니, 2만 명 가까이 되는 마약 사범이 숨어 있다고 볼 여지가 생긴다. 하수 처리장에서 버려지던 숨은 마약류 정보 없이는 알 수 없던 숫자다.

AI 이야기를 하다 뜬금없이 하수구 이야기를 꺼낸 까닭은, 데이터 마이닝(data mining)도 빅 데이터(big data) 산업의 중요한 한 축인데도 반쪽짜리 '분석'으로만 빅 데이터를 이해하는 사람이 많기 때문이다. 일반적으로 빅 데이터라고 하면 첨단 IT 기술로 자료를 멋지게 분석하는 과정만 떠올리는 경우가 많다. 그런데 실제로는 하수구 생활 폐수야말로 유용한 빅 데이터의 전형적인 예다. 데이터 마이닝을 통해 기존에는 정보를 추출할 생각조차 하지 못하던 자료원을 새로이 발굴하고, 여기서 유의미한 정보를 뽑아냈다. 현란한 첨단 데이터 분석 기술 없이도 이미 충분히 훌륭한 빅 데이터 활용이다. AI 같은 특정한 기술이나 분석 방법만이 아니라 데이터를 어떻게 활용하느냐는 개념이 중요한 것이다.

사실 분석은 기술만 알면 누구나 어느 정도는 할

하수 분석 기반 마약류 사용량 추정치

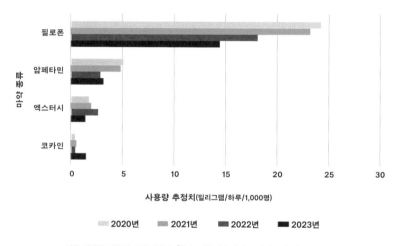

사용량 추정치(밀리그램/하루/1,000명)

마약 종류

- 2020년
- 2021년
- 2022년
- 2023년

식품 의약품 안전처 마약 정책과, 「하수 역학 기반 마약류 실태 조사 결과 상세 데이터」, 2024년 5월 정책 정보 자료.

사용량 추정치 (밀리그램/하루/ 1,000명) 연도(년)	필로폰	암페타민	엑스터시	코카인
2020	24.16	5.03	1.71	0.37
2021	23.18	4.82	1.99	0.58
2022	18.07	2.80	2.58	0.40
2023	14.40	3.11	1.36	1.43

수 있다. 아주 잘하지는 못하더라도 쓸모 있는 정보를 뽑아내는 수준은 된다. 그렇지만 데이터 생성과 수집은 역량을 갖춘 집단이 시간과 돈을 쏟아야만 할 수 있는 훨씬 어려운 과제다. 그런데 그렇게 힘들게 만든 데이터가 무방비하게 외부로 빠져나간다면 어떨까. 별다른 가공을 하지 않은 날것 그대로의 데이터라는 이유로 방치해서는 안 된다. 데이터의 가공 자체보다 생산이 어려운 시기에도 우리나라에서는 이런 일이 버젓이 일어나고 있다. 데이터 주권(主權) 개념이 희박해, 제대로 된 보호를 하지 못해서다. 특히나 AI 기술 경쟁이 기업을 넘어 국가 간의 대리전 양상으로까지 번지는 현 상황에서, AI가 학습할 데이터의 가치는 더욱 커지고 있다. 심지어는 이를 둘러싼 법적 분쟁까지 벌어질 정도다.

AI 학습용 데이터를 둘러싼 갈등은 현재 진행형이다. 챗GPT를 개발하기 위해 사용한 데이터 중 상당수가 《뉴욕 타임스(New York Times)》 기사였다는 사실이 밝혀지며 《뉴욕 타임스》가 개발사로부터 데이터 비용을 받아 내는 소송을 제기한 것이 대표적 예다. 테슬라 CEO 인 일론 머스크(Elon Musk, 1971년~)가 엑스(X, 트위터) 인수 후 내렸던 조치도 비슷한 맥락이다. 머스크는 자사의 웹 데이터를 무단으로 추출하거나 수집하는 '스크래핑(scraping)', '크롤링(crawling)' 행위를 금지함으로써, 엑스 사용자가 만든 독점적 데이터를 자원화하겠다는 의도를 노골적으로 드러냈다. 기계적 크롤링 차단도 잘 하지 않는 국내 환경과는 큰 차이다.

현재도 전 세계의 데이터 생산량은 지수적으로 늘어나고 있다. 2017년에 세계에서 생산된 디지털 데이터의 양이 3.5제타바이트(zettabyte, ZB)였는데, 2024년에는 그 10배인 35제타바이트에 이를 것으로 예상된다. 학습용 데이터의 막대한 가치를 고려하면 이미 다른 나라보다 디지털화가 많이 진행된 우리도 일종의 데이터 산유국이 되었다고 할 수 있다. 채산성 논란이 일던 포항 영일만 앞바다를 시추하지 않아도, 우리는 이미 AI 시대의 석유를 생산하고 있다.

연간 디지털 데이터 생산량

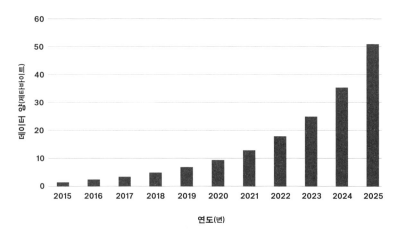

Reinsel, D., Gantz, J., and Rydning, J., "The Digitization of the World, from Edge to Core," *An IDC White Paper*-#US44413318, Sponsored by Seagate (Nov 2018).

연도(년)	데이터 양(제타바이트)
2015	1.5
2016	2.5
2017	3.5
2018	5.0
2019	7.0
2020	9.5
2021	13.0
2022	18.0
2023	25.0
2024	35.5
2025	51.0

그렇지만 물리적 이전이 불가한 중근동 지역의 유정(油井)과 달리 디지털 데이터는 추출은 물론 이전까지도 너무 쉽다는 점이 문제다. 최근에는 미국을 제외한 주요 선진국에서 이런 문제점을 인식하고, 데이터 주권(data sovereignty)이란 개념어를 중심으로 보호 무역과 같은 형태로 데이터 유출을 막으려 노력하고 있다. 미국은 이 흐름에서 왜 빠졌을까? 그렇게 긁어모은 데이터 활용을 할 수 있는 빅테크 기업이 모두 미국 회사라서다. 데이터 사유화의 문제점을 이야기하며 이를 자유화해야 한다고 주장하지만, 속내는 자국 기업이 혜택을 보도록 하겠다는 자국 중심주의적인 태도일 뿐이다.

문제는 국내의 데이터 산업화 인식이 아직 희박하다는 점이다. 빅 데이터라는 개념이 대중화된 덕분에 데이터 축적의 중요성은 알려졌지만, 데이터를 현지화(localization)하고 외부로 유출하지 못하도록 하는 조치의 중요성은 제대로 논의되질 못했다. 이와 대조적인 사례가 중국이다. 중국은 2020년 '데이터 안전법(數据安全法)'을 제정해서 데이터를 경제·사회적 중요성에 따라 등급화하고, 데이터 국외(國外) 이전 등을 철저히 감독하는 형태의 보호 조치를 수행하고 있다. 비민주적인 독재 체계의 영향이라 이해할 수도 있지만, 자국민을 억압하는 형태의 통제와는 구분되는 데이터 산업 관점에서의 교훈이 분명히 있다.

해외의 대규모 플랫폼 기업이 특정 국가에서 사업을 영위한다고 해서, 그 나라 국민이 생산한 데이터에 대한 소유권까지 가져갈 수는 없다. 병원에서 진료받았다고 의사가 함부로 환자의 의무 기록을 외부에 유출하지 못하는 것과 마찬가지 이치다. 그래서 중국 정부는 해외 기업이 중국에서 사업을 영위할 때, 반드시 자국 내에 서버를 두도록 강제하고 있다. 생산된 데이터가 외부로 유출되지 못하게 막는 조치도 포함이다. 규제의 수위는 조절해야겠지만, 개인 정보 유출 방지 정도로 그치는 우리나라의 데이터 안보 상황에는 충분히 참고할 만한 AI 시대의 모범이다.

8 지역별 전력 자급률

착한 전기 요금은 없다

일반 대중의 인식으로는 AI가 물리적 실재(實在)를 갖지 않는다고 여기는 경우가 많다. 데이터와 프로그램으로 구성된 존재이니만큼 당연히 물리적 실재도 존재하지 않을 것이라 짐작하는 탓이다. 원론적으로는 이런 인식이 틀렸다고 할 수 없지만, 실제로 그런 데이터가 물리적 저장 공간에 자리 잡지 않으면 연산(computation)을 진행할 수 없다. 그래서 현재 구동되는 대부분의 AI 모형은 대규모 인터넷 데이터 센터(internet data center, IDC)에서 서비스를 제공하고 있다. 그런데 이런 데이터 센터가 소비하는 전력량이 일반적인 가구나 상업 시설보다 훨씬 많다는 것이 문제다. 데이터가 인공 지능 정신의 양분이라면, 전력은 인공 지능 육신의 양분이기 때문이다.

2022년 한 해 동안 서울특별시의 가구당 월평균 전력 소비량은 296킬로와트시(kWh)였다. 같은 해에 국내 데이터 센터가 소비하는 월평균 전력 소비량이 2기가와트시(GWh)이니, 데이터 센터 하나가 서울시의 7,000여 가구와 맞먹는 수준이다. 이런 데이터 센터가 현재 전국적으로 150여 개 존재하고, 2029년까지 732개가 더 세워질 예정이다. 기존 전력 수급 기본 계획에 빠졌던 4차 산업 혁명 영향이 2024년에 수립된 제10차 계획에 드디어 포함된 이유다. 당연한 말이지만 이렇게 늘어난 전력 수요를 감당하려면 발전량도 그에 맞춰 늘려야만 한다. 안타깝게도 우리나라에서 그 정도의 발전량을 감당할 주된 발전원은 원자력 발전소뿐이다.

2022년 말 대한민국의 스물일곱 번째 원전인 신한

울 1호기가 준공된 데 이어 오는 2025년까지 3기의 원전이 추가로 가동되고, 2023년 5월에는 문재인 정부 시절에 백지화되었던 신한울 3호기와 4호기도 주기기 제작에 착수해 10여 년 뒤에 준공될 예정이다. 그런데 현재 국내 원전이 배출하는 삼중수소량이 근래 논란이 되었던 후쿠시마 오염수에 포함된 방사성 물질의 10배 정도인 것을 고려하면, 미래의 원전에서 배출될 삼중수소량은 그것을 훨씬 뛰어넘을 상황인 것이 자명하다. 얕은 정략적 이유로 무해한 오염수 논란을 키우는 일이 장기적으로는 우리 목을 옥죄는 자충수가 될 수도 있다는 뜻이다. 그런데 이런 예민한 사안이 정치적 논쟁의 중심으로 들어가며 허투루 소모됐다. 더 성숙한 논의가 가능한 내용임을 고려하면 안타까운 일이다.

　게다가 전기를 필요로 하는 것은 AI뿐만이 아니다. 전기 자동차를 비롯해 미래 산업 대부분은 대규모의 전력 소비를 전제하고 있다. 기후 변화에 역행하는 화석 연료 발전으로 회귀하거나, 전력 사용량이 현저히 줄어들

국내 전력 수요량 전망

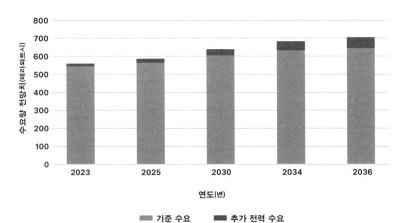

산업통상자원부, 「제10차 전력 수급 기본 계획(2022~2036)」, 2023년 1월,
산업통상자원부 공고 제2023-036호.

수요량 전망치 (테라와트시) 연도(년)	기준 수요	추가 전력 수요
2023	543.7	14.6
2025	562.7	22.1
2030	603.3	34.3
2034	630.7	50.3
2036	642.9	60.2

지 않는다면 현실적으로 우리나라가 원전을 피할 길은 없다. 이와 같은 발전원을 둘러싼 논란이 한 축이라면, 다른 한 축은 전기 요금이다. 전기 요금 인상 필요성에도 불구하고, '물가 안정' 등의 이유를 들어 정치권이 계속 전기 요금 인상을 억누르고 있기 때문이다.

물론 전기 요금은 '물가 안정에 관한 법률(물가 안정법)'의 적용을 받는 공공 요금이다. 한국 전력 공사 같은 공기업에만 전력 시장 독점을 허용하는 것도, 실질적으로 요금 결정권을 정부가 갖는 것도 공적인 성격이 짙은 전기에 대한 국민의 접근성을 보장해 주기 위해서다. 그 뿐만인가? 전기는 각종 산업의 필수적인 생산 요소로 기능하고 있고, OECD 평균보다 낮은 전기 요금을 유지하는 덕분에 우리 기업은 해외에서 산업 경쟁력을 갖출 수 있게 되었다. 그러니 공공 서비스 요금을 원자잿값 변동에 따라 과도하게 인상하는 일은 그것대로 부작용이 있는 것도 사실이다. 그렇지만 한국 전력이 지금처럼 과도한 적자를 보는 상황이 오래 지속되다 보면 장기적으로는 전력 공급 자체가 흔들릴 수 있다는 것이 문제다.

전력 공급이 불안정하다고 하면 발전(發電)만 떠올리는 사람이 많겠으나, 실은 그만큼 중요한 것이 바로 송전(送電)이다. 우리나라는 전력 생산량과 소비량의 차이가 지역별로 매우 커, 발전 시설이 아무리 늘어나도 송전망이 제대로 갖춰지지 않으면 전력 공급이 불가능하다. 예컨대 2022년 기준 지역별 전력 자급률 자료를 보면, 서울특별시가 쓰는 전력량 중 오직 8.9퍼센트만이 서울시 안에서 생산된 전기다. 나머지 91.1퍼센트는 원전을 여럿 갖춘 부산 광역시, 경상남도나 대규모 화력 발전소를 가진 충청남도 같은 곳에서 생산된 전력을 끌어다 충당하는 구조다. 그러니 제대로 된 송전망을 갖추지 못하면 수도권에 집중된 첨단 산업 시설의 가동 자체가 불가능하다.

오해하지 말아야 할 건, 이게 송전망이 부족해질 수 있다는 식의 전망이 아니라는 점이다. 이미 동해안 지역은 발전 용량이 송전 가능한 최대 용량을 초과해, 발전량을 제약하고 있는 상태다. 비유하자면 물을 수송할 수

2022년 지역별 전력 자급률

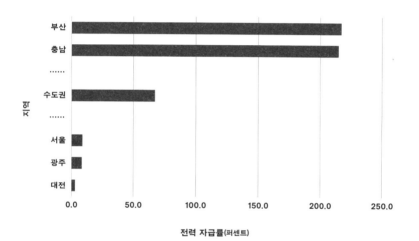

한국 전력 공사, 「2022년 한국 전력 통계(제92호)」, 2023년 5월,
국가 통계 승인 번호 제310002호.

지역	전력 자급률(퍼센트)
대전	2.9
광주	8.4
서울	8.9
......	
수도권	67.2
......	
충남	214.5
부산	216.7

도관이 부족해, 기껏 갖춘 고성능 펌프 가동을 제한하는 꼴이다. 그래서 추가적인 송전망 구축이 시급하지만, 그런 송전 시설 투자를 계획하고 집행할 주체가 한국 전력이라는 점이 상황을 불투명하게 만들고 있다.

한국 전력은 2023년 자체 반기 보고서 기준으로 이미 200조 원의 부채를 짊어져, 하루에 이자만 121억 원씩 내야 하는 상황에 내몰린 지 오래다. 그런 곳이 추가적인 송전망 확충에 나설 여력이 있을까? 표심이 무서워 전기 요금 인상을 주저하다 데이터 센터나 전기 자동차 같은 추가 전력 수요를 외면하는 것은 장기적 산업 경쟁력을 깎아 먹는 일이다. 대체 언제까지 전기 요금 인상 억제 조치를 '착한 적자'라는 말로 옹호할 수 있을까? 진정으로 AI 시대를 준비하려면 이런 사실을 더는 외면하지 말아야 한다.

9 R&D 예산 삭감 횟수

변화하는 국제적 노동 시장에서 살아남으려면

AI 개발을 위해 데이터를 생산하고 지키는 것의 중
요성도, 전력망을 확충하는 것의 중요성도 이제는 알겠
다. 그런데 이것이 과연 인간에게 도움이 되느냐에 대한
질문은 답을 내리기가 퍽 까다롭다. AI로 인한 일자리
감소를 상수(常數)로 받아들이는 사람이 늘어서다. 앞서
살펴본 것처럼 AI로 인한 일자리 감소는 피할 수 없는
흐름이다. 이미 많은 사람이 사무직 업무에 챗GPT와 같
은 AI 도구를 사용하고 있고, 그런 경험을 토대로 인류

의 황혼기까지 언급하는 사람마저 생겼다. 그렇게 인간이 기계에 지배당하다, 머지않은 미래에 인류의 종말이 찾아올지 모른다는 염려까지도 나온다.

그렇지만 산업화의 역사가 곧 기계화로 인한 노동 대체의 역사인데, 육체 노동자의 일자리 감소에는 둔감하던 이들이 '생각하는 기계'의 등장으로 지식 노동자의 일자리가 줄어들자 이를 인류의 미래와 연결 짓는 이유가 무엇인지 잘 모르겠다. 노동 집약적 제조업은 다양한 장치와 설비의 도입을 통해 생산의 효율성과 생산량을 극대화하는 자본 집약적 산업으로 변화했고, 우리는 이것을 산업화라 부른다. 지금 벌어지는 일은 자동화의 범주가 정신 노동으로도 한 번 확장되었을 뿐이지, 산업화의 일관된 흐름에서 특별히 벗어나지 않은 통상적인 일이다. 지식 노동자는 이런 흐름에서 언제까지나 예외적 존재라는 믿음이 깨진 것이 전부인데, 이를 인류의 멸망과 연결 지을 이유는 전혀 없다.

물론 새로울 것이 없더라도 이런 현상이 문제임은

변하지 않는다. 산업 혁명으로 일자리를 잃은 직공(織工)이 방직기를 파괴하는 러다이트 운동(Luddite movement)을 벌였던 것과 유사하게, AI로 일자리를 잃을 정신 노동자들도 분노와 좌절을 표현할 것이 당연해서다. 당장 국내에서도 실제 사례가 나왔다. 2023년 6월에는 등단을 준비하던 웹툰 작가 지망생들이 'AI 웹툰 보이콧' 운동을 벌이기도 했고, AI를 활용했다는 의혹이 제기된 작품에 별점 테러가 쏟아졌다. 이미지 생성 AI가 화공(畫工)의 일자리를 빼앗는다는 위기감이 드러나는 반응이다. 아마 러다이트 운동처럼 실패하겠지만, 그래도 과거와는 다른 점이 한 가지 있다. 바로 변화하는 세계 인구 구조다.

한국의 인구 고령화는 무수히 강조되었지만, 이것이 세계적인 현상이라는 사실은 그만큼 주목을 받지 못했다. 유엔의 『세계 인구 전망 2022(*World Population Prospects 2022*)』 보고서에 따르면 전 세계 인구 중 15~64세의 생산 가능 인구는 계속 줄어든다. 가장 낙관적인 전망(95퍼센트 예측치 상단)으로도 2032년을 정점으로 하락을 시작하

117

세계 생산 가능 인구 비율

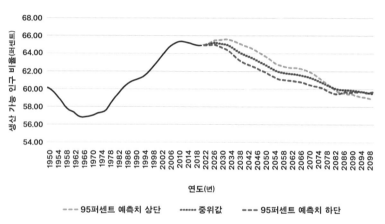

생산 가능 인구 비율 (퍼센트)

68.00
66.00
64.00
62.00
60.00
58.00
56.00
54.00

1950 1954 1958 1962 1966 1970 1974 1978 1982 1986 1990 1994 1998 2002 2006 2010 2014 2018 2022 2026 2030 2034 2038 2042 2046 2050 2054 2058 2062 2066 2070 2074 2078 2082 2086 2090 2094 2098

연도(년)

--- 95퍼센트 예측치 상단   ······ 중위값   --- 95퍼센트 예측치 하단

United Nations Department of Economic and Social Affairs, Population Division, *World Population Prospects 2022: Summary of Results*, United Nations Publication, 2022. UN DESA/POP/2022/TR/NO. 3.

연도(년)	생산 가능 인구 비율(퍼센트) 과거 관측값	95퍼센트 예측치 상단	중위값	95퍼센트 예측치 하단
1950	60.15			
1954	59.35			
1958	58.06			
1962	57.39			
1966	56.82			
1970	56.99			
1974	57.35			
1978	58.03			
1982	59.32			
1986	60.43			
1990	60.99			
1994	61.39			
1998	62.33			
2002	63.50			
2006	64.66			
2010	65.28			
2014	65.26			
2018	64.98			
2022		64.95	64.93	64.91
2026		65.36	65.16	64.97
2030		65.52	65.09	64.68
2034		65.51	64.83	64.16
2038		65.16	64.20	63.29
2042		64.76	63.73	62.78
2046		64.32	63.30	62.40
2050		63.73	62.79	61.92
2054		63.06	62.23	61.40
2058		62.62	61.86	61.05
2062		62.40	61.73	60.95
2066		62.32	61.59	60.82
2070		62.02	61.38	60.52
2074		61.48	61.01	60.28
2078		60.78	60.55	59.92
2082		60.02	60.12	59.48
2086		59.53	59.92	59.62
2090		59.45	59.86	59.62
2094		59.18	59.76	59.68
2098		59.00	59.59	59.58

니, 근로가 가능한 '젊은 인구'는 세계적으로 점점 귀해진다. 인위적으로 최저 임금을 끌어올리지 않아도, 육체 노동에 대한 멸시가 사라지지 않아도, 노동 시장의 힘이 그런 변화를 긴 시간에 걸쳐 자발적으로 만든다. 먼 미래의 이야기만도 아닌 것이, 2023년에 진행된 현대자동차 생산직 신규 채용은 박사 학위를 가진 지원자도 있었다는 소문이 직장인 커뮤니티를 통해 알음알음 전해질 정도로 높은 인기를 끌었다. 세계화와 인구 증가로 협상력을 잃었던 육체 노동의 전적인 부활을 알리는 기념비적인 사건이다.

고령화가 선진국에서 두드러진다는 점을 고려하면, 젊은 육체 노동자 공급 부족은 개발 도상국보다 선진국에서 더 절박하게 느낄 수밖에 없다. 일부는 로봇(robot)이나 안드로이드(android)가 이런 수요를 대체할 것이라고 주장하지만, 로봇의 가격이 인간 노동력과 유사한 수준으로 떨어지는 순간 인간 노동력은 더 헐값으로 떨어져 두 가격은 쉬이 같아질 수가 없다. 마치 아킬레우스가

120

2장 인공 지능과 경제

거북이를 따라잡을 수 없다고 하는 제논(Zeno of Elea, 기원전 495~430년)의 역설 같지만, 인간은 정말 그런 방식으로 늘 로봇보다 저렴할 수밖에 없다. 또한 고령자에 대한 간병과 돌봄 노동은 로봇으로 대응하기도 까다로울 정도로 여러 행위가 복합적으로 요구되는 노동이니, 사람이 아니고서는 제대로 수행하기 어렵다. 어떤 측면에서는 고도화된 정신 노동보다도 이런 종류의 육체 노동이 대체되기 어려울 수 있다.

이런 관점에서 보면 AI의 발달은 선진국의 육체 노동자 공급 부족을 완화해 줄 정말로 다행스러운 장치다. AI가 대체할 일자리는 상대적으로 반복성이 높은 단순 사무직의 비중이 압도적으로 크다. 그러니 과거 단순 사무직에 종사했을 노동자들은 AI의 등장으로 '몸값 높은' 육체 노동 시장으로 옮겨 갈 수밖에 없다. 지금껏 우리 사회가 익숙하게 겪어 온 사무직 우위의 노동 시장이 바뀌게 된다는 뜻이다. 바꿔 말해 이런 기술 역량을 갖추지 못한 국가는 변화하는 국제적 노동 시장 변화에서 살아남기 어렵다. 연구 개발(research and development, R&D)의 중요성이 더 커지는 것이다.

안타까운 것은 우리나라의 연구 개발 정책이 이런 흐름에서 퇴행하고 있다는 사실이다. 1997년 이후 현재까지 R&D 예산 추이를 살폈을 때, 주요 선진국이 전년 대비 국가 R&D 예산을 삭감한 예는 손에 꼽을 정도로 적다. 가령 세계 R&D 예산 1위인 미국은 해당 기간 중 오직 두 차례만 관련 예산이 전년도보다 줄었다. 이라크 전쟁이 발발하기 직전인 2002년과 비우량 주택 담보 대출(subprime mortgage) 사태 직후인 2009년이다. 일본도 '미국발 쇼크'가 세계를 강타한 2009년과 아베노믹스 말엽의 경기 침체로 2015년, 2016년 총 세 차례 R&D 예산을 축소한 것이 전부고, 이런 사태를 직접 겪지 않은 독일과 중국은 아예 R&D 예산을 전년 대비 줄여 본 역사 자체가 없다. 극단적 상황만 아니라면 국가는 R&D 예산을 함부로 헐어 쓰지 않는다는 의미다.

개발 도상국이 기술 투자를 통해 산업 경쟁력을 끌

어울리고, 산업에서 벌어 온 돈을 연구 개발에 재투자해, 경제 개발의 선순환을 만드는 방식을 '연구 개발 주도 성장'이라 부른다. 공교롭게도 그 모델의 가장 성공적 모범 사례가 우리나라다. 그런 나라에서 R&D 예산을 크게 삭감하는 것이 어떤 의미일까? 좁게는 국가의 발전 역량을 저해하는 조치임과 동시에 넓게는 변화할 미래 노동 환경에서 우리나라가 도태될 위험성을 높이는 일이다. 부족해질 육체 노동 공급을 완화하기 위해서라도 연구 개발은 꼭 필요하기 때문이다. 이미 윤석열 정부의 실정 탓에 연구 개발의 연속성이 한 번 끊겼는데, 이것이 어떤 식으로 복원될지 우려될 뿐이다.

살펴본 것처럼 미래의 노동은 지금과 여러모로 달라질 것이다. 그렇다고 꼭 그것을 악화나 열화로만 그릴 필요는 없다. 외려 우리 사회가 집중해야 하는 부분은 개개인이 그럴 역량을 갖출 수 있도록 정책적 도움을 주는 것과 AI로 변화할 새로운 노동 환경에 맞춘 업무의 조정이다.

주요 국가의 R&D 예산 삭감 횟수

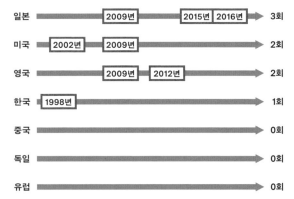

National Science Board, National Science Foundation, "Research and Development: U.S. Trends and International Comparisons," *Science and Engineering Indicators 2020*, Jan 2020.

국가	R&D 예산 삭감 횟수(회)
일본	3
미국	2
영국	2
한국	1
중국	0
독일	0
유럽	0

10 온·오프라인 매출 비중

'보이지 않는 손' 알고리듬, 믿어도 될까?

국내에서 AI를 이용한 알고리듬 개발과 기업 관리가 가장 활발히 이루어지는 산업군은 단연 플랫폼 기업이다. 업무 지시와 고과 평가, 심지어는 징계까지 자동화된 알고리듬에 맡겨 수행토록 하는 '알고리듬 관리'가 이미 이런 기업에는 보편화된 당장의 현실이다. 가령 현재 대규모 플랫폼 기업들이 운영 중인 물류 센터들은 입고된 물건이 알고리듬에 따라 임의의 위치에 보관되어, 알고리듬의 지시 없이는 물류 창고 근무자도 그 위치를 제대로 알지 못하는 경우가 많다. 실질적으로 알고리듬이 '업무 지시'를 내리는 식이다.

또 다른 대형 플랫폼인 택시 호출 서비스는 어떨까? 평균 별점과 콜 수락률이 낮은 택시 기사가 배차에서 후순위로 밀리는 것은 '고과 평가'와 업무 배제라는 일종의 '징계'까지 알고리듬으로 동시에 수행되는 행태다. AI가 그저 기술적 보조 수단이 아닌 실질적 중간 관리자 역할을 맡는 셈이다. 전통적인 노무 관리 환경에서는 중간 관리자가 취업 규칙(사규)에 따라 이런 업무를 담당했다. 플랫폼 산업에서는 그 역할을 AI가 알고리듬에 기반해 진행한다. 게임의 규칙이 바뀐 것이다.

그렇다면 전통적 산업에서 취업 규칙을 열람하고, 단체 협약을 통해 이를 개정하던 절차도 변용되는 것이 맞다. 플랫폼 기업에 알고리듬의 열람을 요구하고, 필요 시 알고리듬을 개정하는 소위 '알고리듬 단체 협약'이 필요한 것이다. 그런데 정작 이런 책임을 져야 하는 회사 측은 "알고리듬은 회사도 정확히 모른다."라며 황당한 책임 회피만 하고 있다. 물론 AI의 내부 판단이 어떻게 이루어지는지는 연구자들도 아직 명확히 모르는 상태가 맞기는 하다. AI 모형이 학습용으로 투입된 외부 데이터를 스스로 조합, 분석해 모형을 정교화하는 방식인 딥 러닝(deep learning)의 내부 메커니즘을 알기가 어려워서다. 오죽하면 학계에서도 딥 러닝 내부의 판단 프로세스를 '블랙박스(blackbox)'라고 부를까.

그렇지만 AI 학습에서 '최적화 목표'를 어떻게 설정하느냐는 전적으로 회사의 결정 사항이다. 학습에서 알고리듬이 예측한 값과 실제 결과의 차이를 비교하기 위한 손실 함수(loss function)를 무엇을 쓸지, 무엇을 우선 순위로 놓고 알고리듬을 설정할지를 결정하는 과정은 모를 수도 없고, 몰라서도 안 된다. 다만 이를 구체적으로 규율할 법이 없고, 노동자도 잘 모르니 쉽게 오리발을 내밀 뿐이다.

이런 입법 공백의 가장 큰 피해자는 청년 세대다. 2021년 발표된 고용노동부의 「플랫폼 종사자 규모와 근무 실태」에 따르면, 플랫폼 노동에 종사하는 2030 청년

전체 취업자 대비 플랫폼 산업 종사자 특성

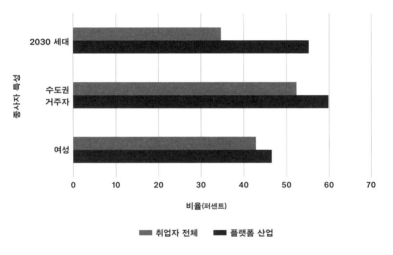

한국 고용 정보원, 「플랫폼 종사자 규모와 근무 실태」, 2022년 8월, 기본 연구 사업 보고서 2021-08.

비율(퍼센트) 종사자 특성	취업자 전체	플랫폼 산업
2030 세대	34.7	55.2
수도권 거주자	52.3	59.8
여성	42.8	46.5

세대 비율이 전체 산업보다 확연히 높다. 전체 취업자 중 2030 세대가 차지하는 비율이 35퍼센트 수준인 데 반해, 플랫폼 산업은 55퍼센트가 2030 세대라서다. 수도권 거주자 비율 역시 전체 취업자(52.3퍼센트)보다 플랫폼 산업(59.8퍼센트)이 높고, 여성 비율도 플랫폼 산업이 4퍼센트 포인트 정도 높다. 수도권 2030 청년 세대, 특히나 여성 노동자의 무시할 수 없는 비율이 플랫폼 노동에 종사 중인 것이다. 그러니 알고리듬으로 인한 노동 환경 변화는 기술 변화의 문제임과 동시에 청년 문제이기도 하다. 그런데 알고리듬의 영향을 받는 것이 과연 청년들뿐일까?

알고리듬으로 게임의 규칙이 바뀐 다른 대표적인 분야는 유통이다. 산업통상자원부에서 발표한 「2023년 연간 유통 업체 매출 동향」에 따르면 2023년에 처음으로 온라인 유통 비중이 전체 유통의 50퍼센트를 넘어섰다. 한때 대형 마트가 지역 전통 시장과 골목 상권을 잡아먹는 문제적 존재로 인식되던 시기도 있었던 것을 생각하면 격세지감이 크다. 그렇지만 2021년부터는 대형 마트

매출 비중이 편의점보다 줄었고, 이제는 오프라인 매장 전체 매출이 온라인 유통 매출보다 작아진 시대가 온 것이다. 강력한 시장 지배력을 갖춘 온라인 유통 기업은 과거 대형 마트가 하던 것과는 다른 방식으로 지배력을 악용하기 시작했다.

가장 대표적인 방식은 알고리듬을 이용한 상품 순위 조작이다. 제휴 업체 혹은 자체 상표 상품(private-brand products, PB 상품)의 노출도를 높이기 위해 플랫폼 내 공정 경쟁을 저해하는 식이다. 물론 업체 나름의 방어 논리는 있다. 플랫폼 운영은 공적인 성격을 지니지만, 플랫폼 구축과 관리에 비용이 발생하기 때문에 이를 민간 기업이 영리를 목적으로 운영하는 이상, 자사에 유리한 알고리듬을 선택하는 일이 부당하지 않다는 것이다. 공정 거래 위원회의 판단은 달랐다. 플랫폼을 소유한 기업이 해당 플랫폼에 입점까지 하는 것은, 심판이 직접 경기를 뛰는 일과 유사한 불공정 행위라는 것이다. 국내 전자 상거래(e-commerce) 업체의 선두 주자인 네이버도 관련 규

온·오프라인 매출 비중

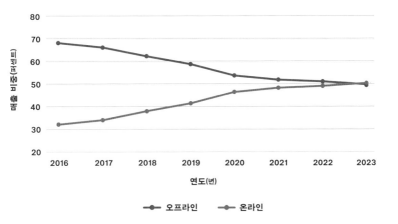

산업통상자원부, 「2023년 연간 유통 업체 매출 동향」, 2024년 1월.

연도(년) \ 매출 비중 (퍼센트)	오프라인	온라인
2016	68.1	31.9
2017	66.1	33.9
2018	62.1	37.9
2019	58.6	41.4
2020	53.5	46.5
2021	51.6	48.4
2022	50.8	49.2
2023	49.5	50.5

제를 둘러싼 소송을 이어 가는 중이고, 명목상으로는 미국 기업인 쿠팡 역시 1400억 원이라는 역대급 과징금을 부과받고 법정 다툼을 벌이고 있다. 이런 다툼의 결론이 앞으로의 유통 질서를 결정하게 될 텐데, 사회적 관심도가 낮은 것이 애달픈 일이다.

살펴본 것처럼 AI는 미래에 나타날 무언가가 아닌, 현재의 우리 경제에 영향을 미치는 중요한 요인 중 하나다. 돈은 이미 훨씬 빠르게 움직이는 중이고, AI에 관한 우리 사회의 논의만 그보다 훨씬 뒤처졌을 뿐이다. 복잡한 AI 기술도 알면 좋지만, 우리가 정말 알아야 하는 것은 그런 기술로 인해 발생하는 영향이다. 인공 지능의 영향을 바르게 파악해야 사회적으로 여기에 어떻게 대응할지를 논의할 수 있고, 그에 맞는 정책이나 규제도 가능해지기 때문이다. 더디 움직이는 쪽이 손해를 보는 상황을 막으려면, 더 많은 사람이 AI의 영향에 대한 이해를 갖춰야만 한다. 그런데 먼 미래의 일이라 여기던 것이 당장의 현실에 영향을 미치는 사례가 과연 AI 뿐일까.

3장

기후 변화와 환경

11 이 감염증 아동 청소년 수

조금 오래 걸린 해충의 귀환

과거 경상북도 경산에서 아동 26명이 집단 사망한 사건이 있었다. 1956년의 일인데, 괴질(怪疾)에 놀란 국회에서 조사단을 파견했더니 밝혀진 결과가 엉뚱했다. 사고의 원인이 농약이어서다. 1946년 독일 화학자 게르하르트 슈라더(Gerhard Schrader, 1903~1990년)가 최초로 합성한 유기인계 살충제 파라티온(Parathion)은 약 3,000배는 희석해야 안전할 정도로 포유동물에게도 독성이 강한데, 이를 진한 농도로 가정에 뿌려 아이들이 농약 중독으로 사망한 것이 사건의 전말이었다. 『구충록』을 쓴 보건 의료사 연구자 정준호 박사는 논문을 통해 이 사건이 국내에 농약 관리법이 도입된 직접적인 계기임을 설명한다. 비유하자면 1950년대 판 '가습기 살균제' 사건이다.

왜 가정에서 그런 독한 살충제를 썼을까? 일차적으로는 살충제의 독성을 간과해서겠으나, 당시 가정에서는 빈대와 벼룩, 이 같은 해충을 방제하기 위해서 살충제를 분무하는 것이 일상이었다. 살충제인 다이클로로다이페닐트라이클로로에테인(dichlorodiphenyltrichloroethane, DDT)을 쌀독에 뿌려 바구미를 잡고, 속옷에 뿌려서 이를 잡던 시절이다. 그러다 DDT에 내성을 가진 해충이 나오니, 해충을 확실히 박멸하려 DDT보다 더 독한 파라티온 같은 살충제를 쓰는 것도 이상할 이유가 전혀 없었다. 안타까운 지점은 DDT가 사람에게 미치는 영향이 이례적으로 적은, 상대적으로 안전한 살충제였다는 사실이다. 그런 사실을 모르고 다른 독한 살충제를 비슷하게 사용했으니, 농약이 닿은 이들의 몸이 상한 게 당연했다. 야만의 시대가 낳은 비극이다.

한때 박멸에 성공했던 머릿니(*Pediculus humanus capitis*)가 돌아온 것은 DDT 금지로부터 20여 년이 지난 1980년대 후반이다. 심각성을 깨달은 당시 보건사회부는 관리 기생충에 머릿니를 추가했지만, 2010년대 초반까지는 매년 소아·청소년을 대상으로 연간 2만 명대의 주기적 유행이 되풀이되다 최근에야 소강 상태로 접어들었다. 빈대(*Cimex lectularius*)는 사정이 좀 나은 편이지만, 2006년부터 간헐적 유행이 보고되더니 최근인 2023년 들어 서울과 인천, 대구 등 전국 각지에서 피해 경험담이 속출하고 있다. 옛 해충의 귀환이다.

엄밀하게는 해충이 '귀환'했다는 말은 틀렸다. 국가 방제 작업에서도 산간 벽지나 도서 지역은 곧잘 소외되었기에 이 지역에는 여전히 해충이 남아 있었기 때문이다. 1991년 보건사회부의 실태 조사 결과를 살펴보면 대도시 학생은 머릿니 감염률이 3.4퍼센트였지만, 농촌 지역은 8.2퍼센트로 2배 이상 높았다. 특히나 제주 지역 초

이 감염증 아동 청소년 수

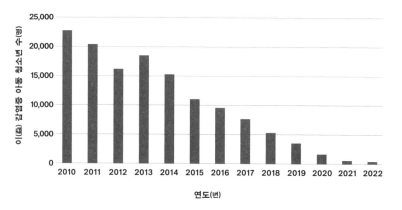

건강 보험 심사 평가원, 보건 의료 빅 데이터 개방 시스템(HIRA) 데이터를 저자가 재가공.

연도(년)	이 감염증 아동 청소년 수(명)
2010	22,748
2011	20,397
2012	16,215
2013	18,524
2014	15,312
2015	11,070
2016	9,598
2017	7,700
2018	5,351
2019	3,592
2020	1,673
2021	608
2022	456

등학생 중 57.4퍼센트가 머릿니에 감염된 상태였다는 결과를 보면, 보건 위생 사업에서 어느 지역이 소외되었는지가 훤히 보인다. 결과적으로는 국가가 홀대했던 이들에게 고통을 주던 벌레들이 늦게야 도시로 복귀한 것이다.

왜 갑자기 해충 이야기냐 싶겠지만, 실은 세계적으로 유사한 구조의 사건들이 반복되고 있다는 점을 인지하는 게 중요하다. 2020년의 코로나19 범유행은 물론, 2023년에 나이지리아와 콩고 지역의 오랜 풍토병이던 엠폭스(원숭이두창)가 전 세계로 확산된 것도 그렇다. 세계의 변방에 남아 있던 병과 해충이 유럽과 미국으로 옮겨 오다, 나중에는 우리나라까지 번지는 전형적 과정이다. 눈으로 직접 볼 수 없는 기후 변화와 환경 오염이 세계로 뻗어 나가는 현상을 시각화했다고 봐도 될 정도다. 그런데 대체 기후 변화가 우리 삶에 어떤 영향을 주기에, 이렇게나 호들갑을 떨어 대는 걸까. 날씨가 조금 더워진 정도 아니냐면, 그것은 큰 착각이다.

12 연간 장염 환자 수

기후 변화를 증거하는 우리 몸

요즘 스키 업계가 어렵다는 말이 많다. 불황이라는 말이 계속 나오더니, 2022년에는 1985년부터 영업을 시작한 경기도 포천의 베어스타운마저 스키장 운영을 중단했다. 업계가 꼽은 대표적 원인은 저출산에 따른 스키 인구의 감소다. 스키장 이용객은 2011년 말 686만여 명을 정점으로 코로나19 범유행 원년인 2020년 말에는 145만여 명까지 떨어져 10년간 44퍼센트가 줄었다. 절대적인 이용객 수와 잠재적인 이용자 집단인 젊은 층 자체가 줄어든

게 핵심 원인임을 부정할 수 없지만, 이것 외에도 다른 중요한 원인이 하나 더 있다는 것이 문제다.

나는 대구 태생이라 덕유산 리조트에서 처음 스키를 배웠다. 충청권 이남은 2008년까지 전라북도 무주의 덕유산 리조트가 그나마 접근성이 높은 거의 유일한 스키장이었다. 지금으로서는 경기도 이남의 스키장이 어색하게 느껴질 수도 있지만, 의외로 1990년대 초반까지는 덕유산 리조트의 슬로프 개장 시기가 강원도 평창에 위치한 용평 리조트와 거의 같거나 앞섰다. 가령 내가 태어난 해인 1991년에는 덕유산 리조트의 개장일이 11월 30일로, 12월 1일에 개장한 용평 리조트보다 되려 하루 일렀다. 지금으로서는 잘 상상이 되지 않지만, 고작 30년 정도만 거슬러 올라가도 이게 보편적이었다.

엇비슷하던 두 스키장의 개장일이 점차 어긋나기 시작한 시점은 1990년대 후반부터다. 평균적으로는 덕유산이 8.75일가량 개장일이 늦춰졌는데, 2000년대에는 14일, 2010년대에는 무려 16.44일로 격차가 늘어난다. 예를 들어 2016년에는 용평이 11월 4일에 개장했으나, 덕유산은 12월 2일에 개장해 무려 28일이나 격차가 벌어지는 일까지도 발생했다. 기후 변화가 스키장 개장일을 통해 존재감을 두드러지게 나타낸 것이다. 개장일이 그리 대수냐 생각할 수도 있지만, 겨울 한철 벌어서 1년을 버티는 스키장은 영업일 하루가 무척 귀하다는 것이 문제다.

2022년에 영업을 중단한 포천 베어스타운을 살펴보자. 2010년대 기준, 베어스타운의 개장일은 평균적으로 용평보다 14.5일 정도가 늦다. 스키장은 영업일 1일당 대략 1억 원 정도의 매출을 올리니, 베어스타운은 개장일 차이만으로도 매년 15억 원 정도를 경쟁사에 뒤처지게 된다. 스키 업계 몰락의 일차적 원인이 저출산이라면, 줄어든 이용객을 누가 데려가느냐는 스키장 간의 경쟁에는 기후 변화가 훨씬 더 주요한 요인인 셈이다. 그런데 이것이 스키장만의 문제일까? 스키장 밖의 한국도 본질적으로는 같은 문제를 겪고 있기 때문이다.

우리나라는 기후 변화의 직접적 영향권에서 벗어나

147

용평-덕유산 리조트 간 평균 개장일 차이

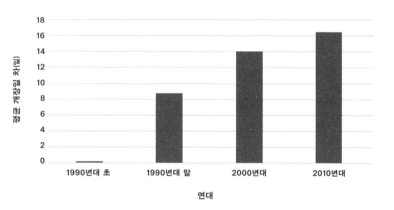

각 스키장 연간 개장일 보도 자료를 토대로 저자가 재가공.

연대	평균 개장일 차(일)
1990년대 초	0
1990년대 말	8.7
2000년대	14.0
2010년대	16.4

있다는 의견이 아직은 지배적이다. 10여 년 전부터 여름철에는 스콜(squall)과 유사한 형태의 초단기간 집중 호우가 관찰되고 있고, 2022년 상반기에는 전국에 심각한 가뭄까지 발생했지만, 유럽처럼 폭염으로 수만 명이 사망하는 상황은 아니니 위험성에는 동의해도 관심도는 떨어지는 식이다. 그런데 사실 우리나라 사람들도 기후 변화의 영향을 '몸'으로 받아 내고 있다는 것이 문제다.

2010년 서울의 연평균 기온은 섭씨 12.1도였다. 2023년에는 섭씨 14.1도였으니, 10여 년 사이에 연평균 기온이 섭씨 2도 오른 것이다. 사람의 체감으로는 그리 큰 차이가 아닐 수 있지만, 이 정도도 세균에는 엄청난 차이를 낸다. 세균은 온도에 따라 증식 속도가 큰 폭으로 변화하기 때문이다. 대장균(*Escherichia coli*)의 경우, 섭씨 12.1도에서는 음식에 존재하는 대장균 수가 2배로 느는 데 꼬박 3일 정도가 걸린다. 그런데 고작 2도가 올랐을 뿐인 섭씨 14.1도에서는 음식 속 대장균이 2배로 느는 데 1.5일이면 충분하다. 음식을 같은 시간 밖에 두었더라도, 연평균 기온에 따라 부패 정도가 크게 차이 날 수 있는 것이다. 2009년 보건 사회 연구원이 발표한 「기후 변화와 식중독 발생 예측」 연구에서 기온이 평균 섭씨 1도 상승하면 식중독 환자가 6~7퍼센트 증가할 것이라는 결론과도 일치한다.

실제로 장염 환자 수는 급격히 증가했다. 2010년 한 해 장염으로 치료받은 사람의 숫자는 290만 명이었다. 이것도 분명히 많은 숫자지만, 2019년에는 이보다 154퍼센트 증가한 446만 명이 장염으로 치료를 받았다. (이후 기간에는 코로나19 범유행 영향으로 통계가 균일하지 못하다.) 그 사이 식품 위생은 월등히 좋아졌지만, 예전에는 실온에 두어도 괜찮았던 음식이 평균 기온 상승으로 더 쉽게 상하기 시작해서다. 불필요한 설사를 나도 모르게 기후 탓에 추가로 겪은 것이다. 기후 변화는 이미 식탁 위까지 쫓아왔고, 이를 방치했다간 우리가 뒤에서 겪을 쓰라림은 더욱 커질 것이다. 그런데 식탁 위의 음식 이전에 식재료를 생산하는 단계는 문제가 없는 걸까?

연간 장염 환자 수

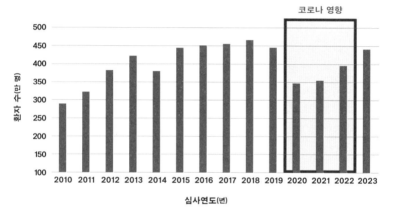

건강 보험 심사 평가원, 보건 의료 빅 데이터 개방 시스템(HIRA) 데이터를 저자가 재가공.

심사연도(년)	환자 수(만 명)
2010	289.9
2011	322.4
2012	382.5
2013	422.7
2014	380.6
2015	444.6
2016	451.4
2017	455.9
2018	466.7
2019	445.6
2020	346.6
2021	354.9
2022	395.9
2023	441.5

코로나 영향

13 방어와 오징어 연간 어획량

기후 변화가 바꾼 식탁 위 풍경

콜롬비아는 브라질과 베트남에 이은 세계 3위의 커피 생산국이다. 한때는 우리나라 커피의 대명사였고, 요즘에는 해외에서도 인기인 '커피믹스'의 주된 커피 원산지가 바로 콜롬비아인데, 여기에는 나름의 이유가 있다. 앞선 두 나라가 주로 저렴한 방식의 커피 소비에 적합한 중저가 원두의 대량 생산에 특화되었다면, 콜롬비아는 중저가 원두는 물론이고 수프레모(supremo)와 같은 고품질 원두 생산도 가능하기 때문이다. 국내의 커피 대중화에는 콜롬비아 원두 고유의 좋은 풍미도 영향을 준 셈인데, 해당 지역에서 이처럼 다양한 커피 재배가 가능한 이유는 특유의 기후 때문이다.

콜롬비아는 원래 커피 재배에 적합지 않은 열대 기후지만, 안데스 산맥의 고지대 평원은 온화한 초가을 날씨라 커피 재배에 최적의 조건이었다. 그런데 2010년대 후반부터 상황이 달라졌다. 기후 변화로 강수 패턴이 예측 불가하게 바뀌며 갑작스레 많은 양의 비가 쏟아지는 시기와 장기간 가뭄이 이어지는 시기가 교차하게 된 것이다. 어느 쪽이건 안정적인 고산 지대 기후와는 거리가 멀다. 더 큰 문제는 이런 기후 변화가 병충해까지 심화시켰다는 점이다. 커피 열매에 구멍을 뚫는 해충인 커피천공충(*Hypothenemus hampei*)은 고온 다습한 환경에서 잘 자란다. 고원 지대에 폭우가 쏟아지자 다습한 환경이 만들어졌고, 마침 이상 고온 현상도 겹쳤다. 커피에는 나쁘고 벌레에는 좋은 환경이 조성된 결과가 바로 예년 대비 급감한 커피 생산량이다.

미국 농무부(United States Department of Agriculture, USDA) 해외 농업국 자료에 따르면 콜롬비아의 커피 생산량은 10년 전 평균보다 10만~12만 톤 줄었다. 일반적인 커피 추출 비율로 따져 보면 에스프레소 100억 잔 분량이다. 현지에서는 주로 볶지 않은 생두 상태로 수출하니 수출액 감소분은 5억 달러(약 6500억 원) 정도지만, 이마저도 1인당 GDP가 6,000달러 수준인 나라의 농민에게는 큰 타격이다. 소비자 입장에서는 콜롬비아가 아닌 다른 나라에서 커피를 수입하면 그만 아니냐고 생각할 수도 있지만, 최대 생산국인 브라질도 기후 변화로 가뭄피해를 겪어 생산량을 늘릴 여력이 부족하다. 커피 생산량 감소를 벌충할 뾰족한 대안이 없는 것이다.

안 마시면 그만인 커피 이야기라기에는, 우리나라도 콜롬비아와 같은 강수 패턴 변화와 기온 변화를 경험하고 있는 것은 마찬가지다. 다행히 인간이 주식(主食)으로 삼는 곡물은 재배지가 세계 각지에 많아 상대적으로 수급에 큰 무리는 없다. 그런데 전라남도 신안군에서 바나

콜롬비아의 연간 커피 생산량

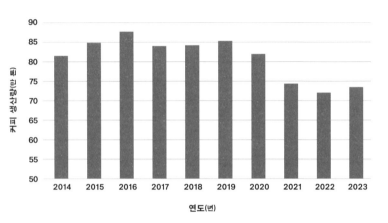

U. S. Department of Agriculture, Foreign Agricultural Service. (n.d.). Foreign Agricultural Service data APIs: Export Sales Report(ESR), Global Agricultural Trade System(GATS), and Production, Supply & Distribution(PSD) databases. Retrieved Aug 31 2024, https://apps.fas.usda.gov/gats/default.aspx.

연도(년)	커피 생산량(만 톤)
2014	79.8
2015	84.0
2016	87.6
2017	82.9
2018	83.2
2019	84.6
2020	80.4
2021	70.8
2022	67.8
2023	69.6

나를 재배하고, 경상북도 고령에서 한라봉을 재배하는 시대에 우리 농업은 정말 안전한 것이 맞을까? 그런데 농업에 앞서, 사실은 수산업이 먼저 타격을 입었다는 것이 문제다. 한때는 동해안 지역 어업을 책임지던 살오징어(*Todarodes pacificus*)가 대표적인 사례다.

매년 4월과 5월은 오징어 어획이 불가능한 금어기(禁漁期)다. 그렇지만 이 시기에도 우리는 짬뽕과 진미채를 먹는다. 연간 4만 톤 정도 수입되는 냉동 오징어 덕분이다. 흔히 '대왕오징어'라 불리는 훔볼트오징어(*Dosidicus gigas*)는 남아메리카 페루 연안에서 주로 잡힌다. 과거 울릉도가 그랬듯 적도에서 내려오는 난류와 남극에서 올라가는 한류가 만나, 오징어가 살기 좋은 조경 수역(潮境水域)을 형성하기 때문이다. 그런데 최근 들어 페루도 울릉도가 겪은 것과 비슷한 문제를 겪고 있다. 수온 상승으로 조경 수역이 형성되는 위치가 점점 남극에 가까운 곳으로 이동해, 훔볼트오징어가 잘 잡히는 어장이 페루보다 남쪽 칠레 인근으로 조금씩 내려가고 있기 때문이다.

우리나라의 오징어 어장이 차가운 북극에 가까운 해역으로 이동하는 것과 원리는 같지만, 극지방의 위치가 반대라 방향만 다르게 나타나는 현상이다.

　이런 어장(漁場) 변화는 국내에서도 오래 관찰되고 있다. 30여 년 전, 사랑하는 아내가 태어난 해인 1993년 즈음에는 오징어 어획량이 연간 20만 톤에 달했다. 동해에서 한류성 어종인 명태(*Theragra chalcogramma*)가 7,600톤씩 잡히던 시기다. 그러다 15년 정도가 지나자 명태 어획량은 사라졌고, 다시 15년이 흐른 지금은 오징어 어획량이 난류성 어종인 방어(*Seriola quinqueradiata*) 어획량에 추월당한 상태가 되었다. 제주 대학교 정석근 교수가 『되짚어보는 수산학』에서 짚었듯, 금어기를 제대로 지키지 않은 어민의 탓도 아니고, 중국 어선 남획의 탓만도 아니다. 기후 변화로 그간 우리가 익숙하게 알던 한반도 주변의 해양 생태계가 전반적으로 바뀐 탓이다. 어민들이 금어기를 아무리 잘 지켜도, 기후 변화로 오징어는 영영 돌아오지 못한다.

13 방어와 오징어 연간 어획량

방어와 오징어 연간 어획량

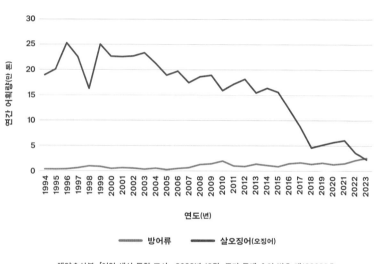

해양수산부, 「어업 생산 동향 조사」, 2023년 12월, 국가 통계 승인 번호 제123022호.

연도(년) \ 연간 어획량(톤)	방어류	살오징어
1994	3,501	189,572
1995	3,586	200,897
1996	3,977	252,618
1997	6,064	224,959
1998	9,620	163,016
1999	8,627	249,991
2000	4,814	226,309
2001	6,475	225,616
2002	5,374	226,656
2003	3,671	233,254
2004	5,321	212,760
2005	2,876	189,126
2006	5,073	197,084
2007	6,524	174,479
2008	12,643	186,160
2009	14,080	186,160
2010	19,468	159,130
2011	9,935	171,643
2012	9,021	181,408
2013	13,625	154,555
2014	11,158	163,896
2015	8,827	155,743
2016	14,642	121,691
2017	16,483	87,024
2018	13,434	46,274
2019	15,928	51,817
2020	13,051	56,989
2021	15,046	60,880
2022	21,270	36,578
2023	25,372	23,343

어쨌거나 오징어 대신 방어가 잡히니, 그것대로 괜찮은 것 아니냐는 생각을 할 수도 있다. 그런데 우리나라 연근해 어획량은 계속 곤두박질치는 중이다. 2016년에는 통계 작성 이후 40년여 만에 처음으로 어획량 100만 톤이 깨지더니, 2022년에는 그 수치가 89만 톤까지 줄었다. 조명 달고 오징어를 잡던 배가 하루아침에 방어잡이 배로 바뀔 수가 없고, 고령화된 어촌에서 새 어족에 대한 정보를 얻고 기술을 습득하는 데도 어려움이 커서다. 제대로 된 지원 없이 우리 어업이 기후 변화의 여파를 제대로 넘기기는 무척 난망하다는 말이다.

차라리 수입이라도 되는 오징어와 달리 수입할 곳도 마뜩잖은 해산물도 있다. 최근 미국 시장에 진출해 K-푸드 열풍을 이끌고 있는 김과 같은 해조류다. 김은 통상 섭씨 15도 아래의 차가운 물에서 재배되므로, 국내에서는 겨울철과 이른 봄 정도까지만 양식이 된다. 수온이 오르면 김 생산량이 줄어들 수밖에 없는 구조다. 실제로 2023년에 발표된 부경 대학교 김봉태 교수의 연구에 따르면, 바다의 표층 수온이 섭씨 1도 상승할 때 김 생산량은 960톤가량 감소할 것으로 예상된다. 요즘에는 '검은 반도체'라고도 불리는 수출 효자 상품인 김의 양식업이 수온 변화로 초토화될 수도 있다.

우리나라에서 세계 최초로 육상에서 김을 양식하는 기술을 상용화한 것도 이런 맥락에서 보아야 한다. 식품 분야에서 두각을 드러내는 풀무원 같은 기업이 나름 절박한 시도를 앞장서 해 주는 것이 고마운 일인 셈이다. 그렇다면 이런 기후 변화를 막기 위해, 우리는 어떤 대응을 해야 할까? 우선 친환경 제품을 쓰는 것이 우선이라고 생각되겠지만, 사실은 그게 그리 간단치 않다는 것이 문제다.

14 삼림 감소 면적

친환경 에너지 전환의 이면

친환경과 관련된 가장 주목받는 시도 중 하나는 에너지 전환이다. 탄소 배출량이 많은 화석 연료 대신 친환경 연료를 사용하는 것이 도움이 된다 여겨서다. 원리는 이렇다. 대기 중 이산화탄소는 식물의 광합성을 통해 포집되고, 식물에 저장되어 있다가 식물이 죽어 분해되면 대기나 토양으로 돌아간다. 자연스러운 탄소 순환 과정이다. 그렇지만 화석 연료는 다르다. 지표면의 이산화탄소 순환과 괴리되어, 지표 아래에서 깊게 잠자던 탄소를 꺼내 대기 중에 풀어 버리는 것이라 이산화탄소의 양이 늘 수밖에 없다. 그러니 화석 연료 대신 식물을 이용해 만든 바이오 연료의 사용을 늘리면 환경에 도움이 될 것 같다. 정말로 그럴까.

환경 운동가 제이 웨스터벨트(Jay Westervelt)는 1986년 어느 호화 리조트의 "환경을 생각한다면 수건은 한 장만 쓰라."라는 문구를 보고, 실제 환경 개선에는 그리 도움이 되지 않으면서도 친환경적인 이미지만 빌리는 기업 이윤 증진 행위를 '그린워싱(greenwashing)'이라 부르자고 주장했다. 이 맥락에서 보면 바이오 연료도 비슷한 측면이 있다. 유럽 선진국의 친환경 정책에 부응하기 위해 사용되는 바이오 디젤의 주된 원료는 기름야자(Elaeis guineensis) 열매에서 추출하는 팜유(palm oil)인데, 주요 수출국인 인도네시아와 말레이시아가 팜유 생산을 위해 열대 우림 지대를 계속 벌목하고 있어서다.

인도네시아 산림청(Ministry of Forestry, MOF) 정보를 가공한 연구에 따르면, 2001~2012년 매년 감소한 산림 면적을 합치면 약 602만 헥타르(Ha)라는 광범위한 면적이 된다. 우리나라에서 경상도와 전라도, 충청도까지 합친 면적이 570만 헥타르인 것을 고려하면, 한반도 절반보다 넓은 숲이 기름야자 농장을 만들려고 사라진 것이다. 열대 우림은 탄소를 저장하고, 생물 다양성(biodiversity) 유지에 핵심적인 역할을 한다. 그런 열대 우림을 벌목해서 팜유가 수확되고, 이를 재차 가공한 게 바이오 디젤이다. 바이오 디젤을 과연 얼마나 친환경이라고 할 수 있을까? 친환경 딱지를 붙인 바이오 디젤은 그 이용자가 많은 선진국의 환경 오염을 개발 도상국으로 이전한 셈이다.

늦게나마 상황을 파악한 유럽 연합은 2023년 중순 삼림 벌채 없는 상품 규정(European Union Deforestation-Free Products Regulation, EUDR)을 발효해 벌채된 토지에서 생산된 팜유나 코코아, 커피, 고무, 대두, 목재와 같은 상품을 수입하지 못하도록 했다. 그렇지만 이것도 2021년부터 벌채된 토지만 대상으로 삼아, 이미 사라진 열대 우림

인도네시아 연간 산림 감소 면적

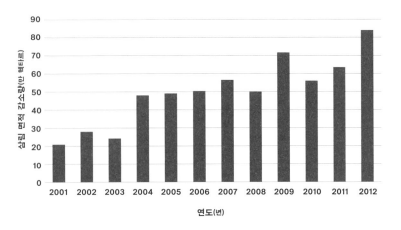

Margono, B. et al., "Primary Forest Cover Loss in Indonesia Over 2000-2012,"
Nature Climate Change 4(8), Aug 2014, pp. 730-735.

연도(년)	삼림 면적 감소량 (만 헥타르)
2001	20.9
2002	28.0
2003	24.2
2004	48.1
2005	49.1
2006	50.4
2007	56.5
2008	50.1
2009	71.6
2010	56.0
2011	63.5
2012	83.9

에 대해서는 아무런 효과를 발휘하지 못한다는 점이 문제다. 그렇다면 바이오 연료를 사용하는 자동차 대신 전기 자동차는 어떨까? 전기 자동차의 사용으로 화석 연료 사용이 줄고, 탄소 배출을 줄일 수 있다면, 전기 자동차를 기후 위기 상황의 매력적 대안으로 볼 수도 있다.

그렇지만 이것은 최종 산물인 전기 자동차를 운용하는 과정에서만의 이야기다. 전기 자동차의 핵심 재료인 리튬(lithium) 같은 광물의 채굴은 주로 남반구의 개발 도상국에서 이루어진다. 대표적인 국가가 남아메리카의 칠레다. 현재 채산성 있는 리튬 매장량의 절반 정도는 칠레에 묻혀 있고, 실제로 상품화된 리튬의 23.6퍼센트가 칠레에서 생산되는데, 이것이 가능한 이유는 칠레 고원 지대에 존재하는 소금 호수 때문이다. 이 소금 호수에는 소금만이 아닌 다양한 염류(鹽類)가 바닷물보다 훨씬 높은 농도로 존재하는데, 여기서 우리에게 익숙한 천일염 염전과 유사한 방식으로 리튬이 채굴된다. 짙은 농도의 소금 호수 물을 퍼, 증발이 잘 일어나게 만든 특수

시설에 얇게 편 다음 결정화되는 리튬을 건져 내는 식이다. 문제는 이런 방식의 채굴이 해당 지역에 광범위한 물 부족을 일으킨다는 것이다.

자연 호수는 물의 유입량과 유출량이 거의 일정하게 균형을 이룬다. 지하수와 지표면의 담수가 호수로 유입되는 양이, 식생의 증산 작용과 자연 증발로 유출되는 양과 엇비슷하기 때문이다. 그런데 소금 호수 물을 퍼내어 강제로 증발시키는 과정은 이 균형점을 무너트린다. 증발량을 인위적으로 늘리기 때문이다. 실제로 칠레 생산 진흥청(Corporacion de Fomento de la Produccion de Chile, CORFO) 산하 비금속 광업 위원회의 보고서에 따르면 리튬 채굴이 시작된 이후 소금 호수의 수분 유출량은 기존보다 34.8퍼센트 증가했다. 이렇게 담수량이 줄자 결국 주변의 지하수가 염분 많은 호수로 빨려 들어가며 다른 지역에 물 부족을 야기하기 시작했다. 지하수에 의존하는 생태계가 붕괴되는 것은 물론, 그 지역에서 오랫동안 땅을 부쳐 먹고 살던 주민도 피해를 본다. 또다시 선

칠레 소금 호수의 유입 · 유출량

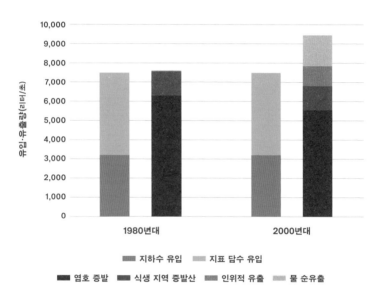

Comité de Minería No Metálica, "Estudio de modelos hidrogeológicos conceptuales integrados, para los salares de Atacama, Maricunga y Pedernales," Corporación de *Fomento de la Producción de Chile(CORFO) Etapa* III. Informe final (Mar 2018).

유입·유출량(리터/초)	1980년대	2000년대
자연 유입량	7,500	7,500
지하수 유입	3,200	3,200
지표 담수 유입	4,300	4,300
자연 유출량	7,550	6,800
염호 증발	6,300	5,550
식생 지역 증발산	1,250	1,250
추가 유출량	50	2,650
인위적 유출	50	1,050
물 순유출	0	1,600

• 자연 유입량은 지하수 유입량과 지표 담수 유입량의 합입니다.
• 자연 유출량은 염호 증발량과 식생 지역 증발산량의 합입니다.
• 추가 유출량은 인위적 유출량과 물 순유출량의 합입니다.

진국에만 친환경적인 환경 파괴의 외주화다.

생산 과정에서 개발 도상국의 환경 파괴를 애써 눈 감는다고 하더라도, 따져 볼 것은 여전히 남는다. 개인용 자동차가 개인용 전기차로 바뀌는 것도 분명 오염 감소 측면에서 개선이기는 하나, 보다 거시적으로 보자면 개인용 친환경 차량 보급 대신 대중 교통을 강화하는 과정이 환경에는 훨씬 더 중요한 정책이다. 환경 의제에서 대중 교통이 차지해야 할 자리를 '친환경' 전기 자동차가 빼앗은 것이다. 물론 굴지의 자동차 기업을 보유한 국가에서 그러기 쉽지 않다는 사실은 안다. 그런데 앞서 살펴보지 않았나. 친환경을 표방하며 경제적 실리를 택하는 개념을 그린워싱이라 부르자고 합의했다고. 이것이 바이오 연료와 전기 자동차 열풍의 이면에 숨은 진실이다. 에너지 소비량 자체를 줄이지 않고, 겉으로만 환경 친화적인 제품을 대체재로 소비하는 것은 실효성이 적다. 그러면 대체 뭘 어떻게 해야 할까?

15 코로나19 전후 미세 먼지 농도

중국이라는 편리한 핑계 뒤에 숨겨진 진실

환경 문제에 대해 우리가 참고할 좋은 사례가 있다. 바로 미세 먼지다. 장기간에 걸쳐 의제화가 이루어진 탓에 미세 먼지의 위험성은 비교적 널리 알려졌지만, 이를 어떻게 줄이냐는 논의는 몇 년간 소모적인 '원인' 논쟁으로만 흘러갔다. 논란의 여지는 있으나, 계절성 미세 먼지의 가장 큰 원인은 중국이다. 별다른 산업 시설이 없는 서해 백령도의 초미세 먼지 농도가 서울보다 높을 이유는 중국밖에 없다. 중국발 미세 먼지가 가장 큰 원인이라는 사실을 부정하면 안 된다.

　그렇지만 이웃한 군사 강국이자 경제적으로 밀접한 관계인 중국에 책임을 추궁하기가 어려우니, 우리는 몇 년간 이 문제를 외교 안보적 과제(agenda)로 이해하고 내부적으로만 다뤄 왔다. 실질적 환경 개선을 위한 논의가 친중(親中)이니, 반중(反中)이니 하는 공허한 내용으로 다투느라 끝없이 미뤄지고 만 것이다. 그런데 특정 문제의 여러 원인 중 가장 큰 비중을 차지하는 것이 무엇이냐는 질문과 여러 원인 중 실제로 개선할 수 있는 부분이 무엇이냐는 질문은 전혀 다른 차원의 질문이다. 중국이라는 편리한 핑계 뒤에 숨지 않는다면, 국내에는 개선할 부분이 없을까.

　여기에 대한 힌트를 제공하는 연구가 2021년 중순 무렵《한국 대기 환경 학회지》에 실렸다. 코로나19 범유행으로 인한 사회적 거리 두기 전후 서해의 백령도, 남해의 제주도, 동해의 울릉도 세 곳의 미세 먼지 농도를 비교함으로써 미세 먼지의 국내 영향을 간접적으로 가늠할 수 있었기 때문이다. 2020년 세 섬에서 측정된, 코를 통해 허파로 이동할 수 있는 지름 10마이크로미터(μm) 미만의 미세 먼지(PM$_{10}$) 농도는 직전 5년의 평균보다 낮았는데 백령도는 17.8퍼센트, 제주도는 26.7퍼센트, 울릉도는 44.4퍼센트가 감소했다. 중국발 초미세 먼지만의 영향이라면 백령도의 감소 폭이 가장 크고, 울릉도 감소 폭이 가장 작았어야 했는데 결과가 반대로 나온 것이다.

실제로 이를 뒷받침하는 다른 근거도 있다. 중국이 이웃국을 얕잡아 보는 깡패 국가라고는 하지만, 자국민까지 무시할 수는 없다. 과거 베이징의 미세 먼지 농도는 서울 미세 먼지 농도의 5배 수준이었고, 몇 년간 꾸준히 누적된 불만이 위험 수위에 도달했다고 판단한 중국 정부는 다양한 정책을 펴 이를 극적으로 낮추는 데 성공했다. 노점의 기름 요리 금지부터 공장의 미세 먼지 저감 정책까지 실로 전방위적 압력을 가한 결과다. 그렇게 중국의 미세 먼지 평균 농도가 매년 감소했는데도 서울의 미세 먼지 농도는 예년과 엇비슷하게 유지된다는 것은,

코로나19 범유행 전후 미세 먼지 농도

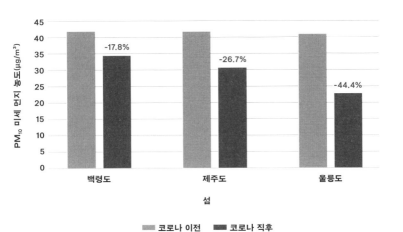

임동엽 외. 「우리나라 배경 지역에서 분진의 기간별 분석, 미측정 $PM_{2.5}$ 자료의 추정 및 COVID-19의 영향 평가」, 《한국 대기 환경 학회지》 제37권 제4호, 2021년, 670-690쪽.

PM₁₀ 미세 먼지 농도 (μg/m³) \\ 섬	코로나 이전	코로나 직후
백령도	41.8	34.3
제주도	41.7	30.6
울릉도	40.9	22.7

중국의 지역별 초미세먼지(PM₂.₅) 농도 변화

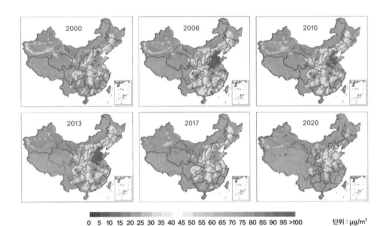

0 5 10 15 20 25 30 35 40 45 50 55 60 65 70 75 80 85 90 95 >100   단위 : μg/m³

Geng, G. et al., "Tracking Air Pollution in China: Near Real-time PM₂.₅ Retrievals from
Multisource Data Fusion," *Environmental Science & Technology* 55(17),
Aug 2021, pp. 12106-12115.

국내 요인도 무시할 수 없이 존재한다는 방증이다. 국내에서 만들어진 미세 먼지도 지분이 적지 않은 것이다.

이런 태도가 과연 미세 먼지에 대해서만 그럴까? 우리나라에서 논의되는 환경 오염 의제의 대부분이 저런 식으로 귀결되고 만다. 분리 수거를 잘하고, 플라스틱 사용량을 줄이자고 하면 미국과 유럽 지역의 낮은 분리 수거 참여율을 언급하며 '밑 빠진 독에 물 붓기'라고 폄하하는 이들이 많다. 탄소 배출량을 줄이자고 하면, 중국 같은 개발 도상국에서 내뿜는 매연과 탄소가 그보다 심하지 않으냐고 한다. 그런데 실상은 우리만 남 핑계를 대며 뒤처진 상황이다.

지속 가능한 발전(sustainable development)을 연구하는 두 과학자 요한 록스트룀(Johan Rockström, 1965년~), 오웬 가프니(Owen Gaffney, 1969년~)는 2021년 저서 『브레이킹 바운더리스(Breaking Boundaries)』에서 지구 회복을 위한 6개 과제를 제안했다. 에너지 전환과 식량 전환, 도시 구조 변화와 인구 증가율의 감소, 기술 혁신, 그리고 불평 등 완화다. 우리나라는 비자발적으로 인구 증가율 감소에는 참여하고 있으나, 나머지 분야는 환경 측면에서 논의가 거의 진행되지 못하고 있다. 당장 환경 파괴로 비난받는 중국마저도 2060년을 기점으로 탄소 중립을 달성하겠다는 의지를 시진핑(習近平, 1953년~) 주석이 직접 표명했고, 실제로 그만큼 개선도 이루어지고 있다. 이제는 우리도 다른 나라를 핑계로 삼는 대신 적극적 실천을 해야 한다.

　지금까지 인구 구조의 변화와 AI의 영향, 기후 변화와 같은 거시 영향 요인을 두루 살펴봤다. 이제 구체적인 규제와 정책에 대한 내용을 살펴볼 때다.

4장

규제와 정책

16 알코올 중독 여성 환자 비율

주류업계의 초장기 인체 실험이 남긴 과제

코로나19 범유행을 거치며 우리 사회에 자리 잡은 긍정적 변화 중 하나는 손 위생 습관의 향상이다. 평상 시에도 바깥 활동이 끝나면 손을 잘 씻고, 필요한 경우에는 소독제까지 사용해 손을 청결하게 유지하는 것이 그리 유난스러운 일이 아니게 되어서다. 그런데 이렇게 자주 사용되는 손 소독제의 에탄올 농도(도수)는 대략 얼마쯤 될까? 향으로 미루어 짐작했을 때 우리가 흔히 마시는 술보다 한참 높은 것은 알겠으나, 구체적인 수치를 알아본 이는 드물 테다. 답은 "제품마다 천차만별이지만, 최소 70퍼센트는 넘는다는 나름의 기준은 있다."라는 약간 김빠지는 내용이다. 이 숫자는 어디서 왔을까?

독주(毒酒)를 삼키면 식도가 따가운 것은, 알코올이 식도에 있는 세포에 흡수되어 국소적인 손상을 일으키기 때문이다. 술이야 식도를 아프게 하는 것이 목적이 아니지만, 알코올 소독은 세균에 이런 손상을 최대한 일으킬 수 있는 농도를 골라내야만 한다. 얄궂은 것은 알코올 100퍼센트가 되려 소독 효율이 낮다는 점이다. 마치 센 불에 고기를 굽는 것처럼, 너무 높은 농도의 알코올은 세포 겉만 바싹 태우고 내부는 전혀 익히질 못한다. 실험을 통해 70~80퍼센트의 알코올 농도가 내부까지 스며들어 세균을 죽이는 데 최적이라는 결과가 나왔고, 그 값이 손 소독제의 표준으로 자리 잡은 것이다.

안타까운 것은 비슷한 부류의 실험이 세균이 아닌 인간을 대상으로도 진행되었다는 점이다. 주류업계가 여성을 새로운 공략 대상으로 삼으면서 소주의 알코올 도

수를 점진적으로 낮추는 아주 장기적 실험을 진행했기 때문이다. 1990년대 말 23도이던 소주 도수는 2024년 16도까지 떨어졌다. 덕분에 2013년을 기점으로 국내 인구 1인당 알코올 소비량은 증가세로 돌아섰고, 이런 추세를 견인한 것은 남성보다는 낮은 도수의 소주로 음주 습관을 처음 형성한 젊은 여성들이었다. 주류업계에는 좋은 일이겠지만, 우리나라의 공중 보건 관점에는 썩 바람직하지 않은 결과를 불러왔다. 구체적 수치를 보자.

2005년 이후 한국의 고위험 음주율은 나날이 고점을 경신하고 있다. 남성 애주가 비율은 정체되었으나, 여성 고위험 음주율이 계속 높아지는 탓이다. 물론 고위험 음주의 기준 자체가 너무 강퍅하긴 하다. 일주일에 2번 이상, 한 번의 술자리에서 술 7잔 이상을 마시는 남성이나, 술 5잔 이상을 마시는 여성을 고위험 음주로 정의하기 때문이다. 그렇지만 국내 알코올 중독 환자 중 여성이 차지하는 비율은 2010년 19.1퍼센트에서 2023년 24.9퍼센트로 계속 늘어나고 있다. 단순히 고위험 음주가 아닌,

알코올 중독 여성 환자 비율

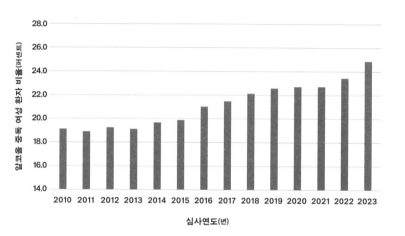

건강 보험 심사 평가원, 보건 의료 빅 데이터 개방 시스템(HIRA) 데이터를 저자가 재가공.

심사연도(년)	알코올 중독 여성 환자 비율(퍼센트)
2010	19.1
2011	18.9
2012	19.2
2013	19.1
2014	19.7
2015	19.9
2016	21.0
2017	21.5
2018	22.1
2019	22.6
2020	22.7
2021	22.7
2022	23.4
2023	24.9

질병 수준의 알코올 의존증 영역에서도 여성의 증가세가 뚜렷한 경향이 나타난 것이다.

그렇지만 술의 마력에서 벗어나지 못하는 사람들을 돕기 위한 재원 마련은 여전히 난항을 겪고 있다. 담배에는 담배가 끼치는 해악에 대해 건강 증진 부담금의 형태로 책임을 묻고 있으나, 술에 대해서는 '서민 증세'라는 표어를 앞세운 주류업계의 반발을 무마하지 못하는 탓이다. 우리 사회가 음주에 유독 관대한 것도 한몫할 테다. 그렇지만 언제까지 이런 상황을 방치할 수는 없다. 손 소독제가 세균을 죽이는 최적 도수를 구해 냈듯, 주류업계는 여성에게 알코올 의존을 유발하는 최적 도수를 어느 정도 산출해 냈다. 그네들 나름의 최선으로 찾은 값이겠지만, 정작 규제 당국에선 그만큼의 관심을 기울이지 못하는 것 같다. 규제 대상보다는 숫자를 더 잘 이해하고 정책을 펴야 할 텐데, 그 부분이 아쉬울 뿐이다.

17 가계 지출 중 현금 비중

'따뜻한 디지털'로의 전환을 준비할 때

최근 시내 버스에서 '현금통'이 사라지고 있다. 이런 제도를 가장 먼저 시행했던 대전 광역시의 사례를 살펴보자. 대전 광역시는 2022년 7월부터 시내 버스에서 현금 수거함을 없앴다. 2022년 대전 시내 버스 현금 사용률이 1.5퍼센트에 불과했다는 점, 시범 사업을 하던 버스 노선의 현금 사용률이 0.4퍼센트로 떨어진 점을 고려하면, 추가적인 관리 비용을 부담하느니 현금통을 철거하는 것이 합리적인 선택이다. 그런데 현금통을 뺀 자리에 넣은 계좌 이체와 QR 코드(quick response code)가 노인의 접근성을 확보해 주지 못한다는 것이 문제다.

한국은행 조사에 따르면, 전 국민의 월간 모바일 금융 서비스 이용률은 65.4퍼센트 정도로 추정된다. 그렇지만 60대 이상의 연령층은 고작 28.9퍼센트만이 모바일 금융 서비스를 이용했다. 여전히 대면 은행 서비스를 이용하는 사람이 주류이고, 사정이 조금 나은 사람들도 폰뱅킹 같은 아날로그 방식을 사용하는 정도다. 이러니 다른 지불 수단 없이 버스를 탔다가 현금 대신 계좌 이체를 하라는 요구가 이들에게는 막막할 수밖에 없다. 대전광역시를 넘어 서울을 비롯한 주요 도시가 이런 정책을 확대하는 것을 생각하면, 노인들의 버스 이용이 어려워질 수밖에 없다.

교통 카드를 쓰는 대중 교통은 차라리 그나마 사정이 나은 편이다. 2018년 스타벅스를 시작으로 주요 카페 프렌차이즈는 꾸준히 캐시리스(cashless) 매장을 늘리는 중인데, 표면적으로는 현금 관리의 곤란함과 낮은 현금 이용률을 이유로 들지만 실제로는 키오스크(kiosk)로 특정 범주의 고객을 매장 바깥으로 밀어내려는 시도에 가깝다. 현금 소비 성향이 높은 노인에게 키오스크라는 추가적인 장벽까지 하나 덧대어지는 것이다. 여느 음식점이나 카페가 '노 키즈 존'을 명시해 아이를 받지 않는 것처럼, 이 업장들이 명시적으로 노인을 거부하는 것은 아니다. 그렇지만 노인이 이용하기 어려운 여러 장치를 도입하는 것은 간접적인 방식으로 노인을 소격(疏隔)하는 행위다. 이런 노인 배제에 대처할 방법이 없을까.

단순하게는 캐시리스 매장을 규제하자는 식의 해법도 나올 수 있지만, 이는 부적절한 복고적 해법이다. 한국은행의 「2021년 경제 주체별 현금 사용 행태 조사 결과」를 살펴보면 2015년에는 가구 지출의 38.8퍼센트가 현금 형태로 지출되었으나, 2021년에는 21.6퍼센트 수준으로 떨어졌다. 그마저도 절반가량은 용돈이나 생활비 조로 개인 간에 현금을 주고받는 형태이니, 현금 기피는 시대적 흐름에 가깝다. 길거리 자판기조차 현금 투입구

가계 지출 중 현금 비중

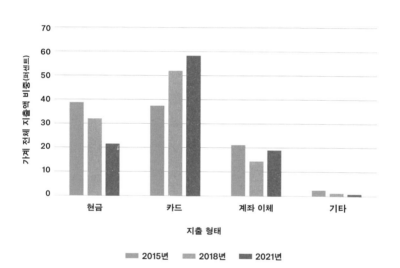

한국은행, 「2021년 경제 주체별 현금 사용 행태 조사」, 2022년 6월,
한국은행 보도 자료, 공보 2022-06-23호.

가계 전체 지출액 비중 (퍼센트) 지출 형태	2015년	2018년	2021년
현금	38.8	32.1	21.6
카드	37.4	52	58.3
계좌 이체	21.2	14.5	19.1
기타	2.5	1.4	0.9

가 사라지고 있는 지금, 무인 매장 대중화의 시대에 현금 결제 의무화 같은 방식의 낡은 규제는 해법이 될 수 없다.

기왕 규제가 도입되어야 한다면, 그 대상은 현금이 아닌 기술이어야 한다. 노인들은 자신을 책망하고 있을지 모르나, 사실은 사회적으로 청년 연령대로 분류되는 사람들도 조잡하게 만든 키오스크를 사용하며 분노가 치밀 때가 많다. 그런데 이를 디지털 문해력(digital literacy) 문제라 이해하고 노인 집단을 질타하는 것이 타당할까. 차라리 디지털 약자도 충분히 이용할 수 있다는 증빙 책임을 포괄적으로 서비스 제공 업체에 지우는 방식의 규제를 도입하는 것이 맞고, 이는 혁신을 막는 나쁜 규제가 아니라 시장 경쟁을 촉진하는 좋은 자극제가 될 수 있다. 꼭 한 가지 방식만 정답은 아니지만, 노인의 사용 경험(user experience, UX)에 초점을 맞추는 것이 한 가지 방법이다.

지금은 안전 문제로 훨씬 복잡하게 고도화되었지만, 20세기 초반까지만 하더라도 의약품 임상 시험은 명쾌한 원칙 하나만 충족하면 약으로 허가받을 수 있었다. 간략히 설명하면 이런 식이다. 내가 새로운 진통제를 개발했다고 하면, 환자 100명을 모아다가 절반한테는 가짜 약을 먹이고 나머지 절반한테는 내가 개발한 진통제를 먹인다. 그리고 두 집단에서 통증이 얼마나 줄었는지를 비교해 보면, 새 진통제의 약효가 확인된다는 식이다. 실제로 20세기 초반부터 진통제로 꾸준히 사용된 아스피린(Aspirin)의 작용 원리가 명확히 밝혀진 것은 약 사용으로부터 70년이 지난 1970년대였다. 작용 원리는 묻지도 따지지도 않고, 실제로 최종 효과만 있으면 허가해 주던 시절이라 그런 일이 가능했다. 이런 방식을 키오스크 허가에도 접목하면 어떨까.

키오스크에 글자 크기를 얼마로 정해야 한다느니, 노인용 버튼을 만들라느니, 음성 안내를 추가하라느니, 노인의 디지털 접근성을 높이기 위해 별도 교육을 하자느니 같은 기존에 실패한 방식은 다 집어치워 버리고, 딱 하나만 확인하자. 노인 100명 정도를 무작위로 불러, 이들이 해당 키오스크를 사용해 5분 안에 원하는 메뉴를 주문할 수 있을 때만 키오스크를 허가해 주면 되지 않냐는 것이다. 우리나라 규제 체계에서는 생소한 개념이겠지만, 실제로 도입되고 시행된다면 기존의 일괄적 규제 방식보다 크게 두 가지의 장점이 있다.

첫 번째는 규제의 복잡성이 적다는 점이다. 정부에서 허가 등을 규제하는 경우, 규정집은 해를 거듭할수록 계속 두꺼워지기 마련이다. 누군가 규제를 우회하는 편법을 쓰면 그 편법을 막는 규정을 새로 신설해야 하고, 어떤 경우에는 규제 권력 강화를 위해 관료 조직이 불필요한 절차를 더 만드는 경우까지 있다. 그런데 최종 사용자인 노인 100명을 불러다 실제로 기기를 사용케 하는 방식은 규제가 더 복잡해질 여지가 적다. 어디서 어떤 노인을 데려올지 정도만 규정하면 바뀔 부분이 크게 없기 때문이다. 그 정도 감독으로도 충분한데 세세한 규제를 할 필요가 전혀 없다.

두 번째는 사용자의 편의가 실제로 증가한다는 점이

200

4장 규제와 정책

다. 전통적인 방식의 규제를 시행한다면, 정부 당국자 또는 자문을 맡은 교수나 전문가들이 생각하기에 '노인이 키오스크를 이용하기 편한 방식'을 규정집에 밀어 넣는 방식이 될 가능성이 크다. 그런데 이런 조치가 정말로 노인의 키오스크 이용 편의성을 높일지는 아무도 알 수가 없다. 반면에 실제로 노인 100명을 불러다 기기 사용 경험을 확인하는 것은 우회로 없이 명확하게 이용 편의성을 반영하게 된다. 당사자가 직접 확인할 수 있는데, 다른 사람이 대신 짐작해서 정해 줄 이유가 전혀 없다. 이미 사회가 크게 바뀌었는데, 규제라고 해서 기존과 똑같은 낡은 방식을 유지할 필요는 없다.

이렇게 좋은 의도와 신선한 방법론이 결합되면 그것만으로 훌륭한 정책적 개입이 될 것 같지만, 아쉽게도 그렇지는 않다. 정책의 부작용을 고려하지 않으면 엉뚱한 결과가 나오기 쉬워서다.

18 중증 정신 질환자의 재진료 비율

'줄무늬 파자마를 입은 환자' 양산한 제도 변화

2023년 여름은 '묻지 마' 칼부림에 대한 공포가 오래 이어졌다. 처음에는 치안(治安)이 화제였지만, 점차 논의가 정신 질환자 관리 부실 문제로 옮겨 갔다. 많은 피해자를 낸 서현역 흉기 난동 사건은 물론 대전 지역 고등학교에서 벌어진 교사 피습 사건도 치료를 거부한 조현병 환자가 가해자라는 사실이 밝혀져서다. 그런데 일부의 주장처럼 중증 정신 질환자를 정신 병원에 가둬 두는 것이 맞는 해법일까? 과거에는 조현병에 대한 치료법이 없어, 정신 병원에 입원시키는 것이 실질적인 최선의 방책이었다. 미국에서 공포 영화 소재로 쓰이는 대규모 정신 병원(asylum)이 그 시기의 잔재다.

그렇지만 조현병 치료 약물이 개발된 지금은 다르다. 정해진 대로 약만 잘 먹으면 조현병 환자도 일상 생활을 영위할 정도로 증상이 개선되기에, 인권 침해적인 시설 수용을 고집할 이유가 없다. 그래서 정신 질환자도 지역 사회에서 생활할 수 있도록 제도를 개선해야 한다는 목소리가 높았고, 미국과 유럽을 비롯한 선진국에서 정신 질환자에 대한 대규모 탈원화(脫院化) 조치가 시행되었다. 동시에 보호자에 의한 강제 입원 요건을 강화해, 실제로 정신 질환이 있지 않은데도 재산상 갈등을 겪는 부모나 친인척을 정신 병원에 강제로 입원시키는 등의 악용 사례를 막고, 정신 질환자가 스스로 삶을 결정할 권한을 줬다. 윤리적이고 정당한 방향의 개선이다.

우리나라에서도 2016년 헌법 재판소에서 기존의 '강제 입원' 규정은 위헌이니 법률을 개정하라는 결정이 나오며, 결과적으로 보호 의무자 2인의 동의만 있으면 가능하던 강제 입원이 진단 목적으로 2주만 허용되는 형태로 법률이 개정되었다. 그런데 좋은 취지와 달리 실제 결과는 나빴다. 건강 보험 심사 평가원의 보건 의료 빅 데이터 개방 시스템(HIRA)에 따르면, 조현병으로 정신 병원에 입원한 환자 수는 최근 10년간 2만 3000명 선을 꾸준히 유지하고 있었다. 그런데 2017년 개정 정신 보건법 시행을 기점으로 입원 환자 수가 4년간 꾸준히 줄어, 2021년에는 약 5,000명이 줄어든 1만 8000명대까지 떨어졌다. 입원이 필요한 정신 질환자 숫자가 준 것이 아니다. 정신 질환자를 지역 사회에서 생활할 수 있도록 돕는 적절한 탈원화 조치도 없이 조현병 환자 5,000명이 지역 사회로 내몰린 것이다.

이들의 근황을 정확히 알 수는 없지만, 비슷한 경우인 미국 정신 질환자의 처지는 확실히 나빴다. 어설피 추진된 탈원화 운동 탓에 병원 밖으로 내몰린 정신 질환자가 노숙자로 전락하거나, 범죄를 저질러 교도소에 수감

205

연간 조현병 입원 환자 수

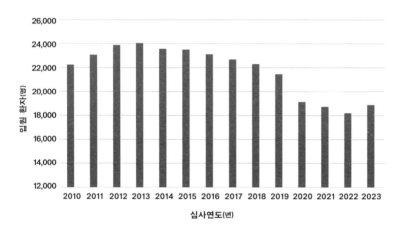

건강 보험 심사 평가원, 보건 의료 빅 데이터 개방 시스템(HIRA) 데이터를 저자가 재가공.

심사연도(년)	입원 환자(명)
2010	22,260
2011	23,091
2012	23,895
2013	24,060
2014	23,577
2015	23,515
2016	23,131
2017	22,708
2018	22,310
2019	21,472
2020	19,145
2021	18,741
2022	18,212
2023	18,891

되었기 때문이다. 단순한 추정이 아니다. 미국은 노숙자 4분의 1이 심각한 정신 질환을 앓고 있는 것으로 파악되며, 아예 교도소에 수감된 중증 정신 질환자 숫자가 주립 정신 병원에 입원한 환자보다 10배나 많다는 충격적인 결과가 공개되기도 했다. 자신이 지금 병에 걸려 있다는 자각인 병식(病識)이 없는 정신 질환자들이 환자복을 죄수복으로 갈아입은 것이다. 강제 입원 정책만 해체하면, 사회로 돌아온 이들이 스스로 질병을 관리하기가 어렵다는 문제를 망각한 탓에 생긴 일이다.

실제로 국립 정신 건강 센터에서 작성한 「국가 정신 건강 현황 보고서」에 따르면, 조현병을 포함한 중증 정신 질환자 중 퇴원 1개월 이내에 정신 의료 기관을 방문해서 재진료를 받는 환자의 비율이 64퍼센트에 불과했다. 나머지 36퍼센트 환자는 거리를 배회하다 문제를 일으켜 교도소에 가거나, 운이 좋으면 다시 병원에 강제 입원되는 악순환을 겪는다. 이런 이유로 해외에는 정기적으로 정신 의료 기관을 방문해 진료받도록 하는 외래 치료 명령 제도가 강제 입원 완화 제도와 짝을 이루어서 입안되었다. 정신 질환이 급격하게 나빠져 강제적 입원 치료가 필요한 상황만이 아니라, 정상적으로 증상이 조절되고 있는 환자가 평범한 사회 생활을 누릴 수 있도록 일상적인 관리도 병행하는 식이다.

그렇지만 우리나라는 명목상 관련 제도만 있을 뿐, 실제로 기능하지 않는 제도 방치 상태에 가깝다. 그렇다면 이들을 영영 가둬 두는 편이 안전하지 않겠냐는 몰지각한 주장도 나오지만, 이것은 인권 같은 고상한 가치를 고려치 않더라도 틀린 말이다. 조현병은 전체 인구의 1퍼센트 정도가 앓는 것으로 알려져 있는데, 우리나라 인구로 셈해 보면 50만 명 정도다. 2022년 기준 교정 시설 수용 인원이 5만여 명이고, 전국 정신 의료 기관의 입원 환자 수가 11만 명 수준인 것을 고려하면 물리적으로도 절대 모두 입원시킬 수 없는 규모다. 현실적으로도 강제 입원이 아닌 외래 통원 치료가 우선시될 수밖에 없다. 처벌도 좋지만, 다른 비극을 막으려면 이참에 정신 질환

중증 정신 질환자의 외래 재진료 여부

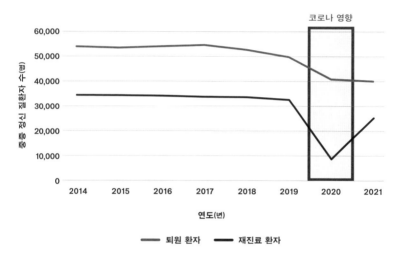

코로나 영향

중증 정신 질환자 수(명)

60,000
50,000
40,000
30,000
20,000
10,000
0

2014   2015   2016   2017   2018   2019   2020   2021

연도(년)

━━ 퇴원 환자   ━━ 재진료 환자

국립 정신 건강 센터, 「국가 정신 건강 현황 보고서 2021」, 2023년 1월,
발간 등록 번호 11-1352629-000022-10.

연도(년)	중증 정신 질환자 수(명) 퇴원 환자	재진료 환자
2014	54,018	34,584
2015	53,545	34,473
2016	54,152	34,304
2017	54,695	33,897
2018	52,710	33,738
2019	49,819	32,708
2020	40,685	8,561
2021	39,927	25,289

자 관리 방식 자체를 바꾸는 것이 훨씬 더 중요하다. 제도 변화의 부작용을 제대로 살피지 않으면 이런 문제도 발생할 수 있기 때문이다.

그렇지만 정신 질환자에 대한 관리 실패 사례가 특이한 것이지, 윤리적인 당위성이 있는 제도의 도입은 진정으로 사회를 바꿀 수 있다고 여기시는 분들이 많을 것으로 안다. 이런 관점에 집중해서 낙태와 이혼에 대한 내용을 이어 살펴보자.

19 혼인 기간별 이혼 건수

제도 변화가 먼저인가, '헤어질 결심'이 먼저인가?

17세기 일본 인구는 당시 조선 인구의 2배가량인 3000만 명 정도였다. 조선이 임진왜란 초기에 패퇴한 원인을 여럿 꼽을 수 있겠지만, 양국 간 체급 차를 빼놓고 이야기하면 바른 해석이라 보기 힘든 이유다. 더 놀라운 사실은 일본 인구가 19세기까지 거의 3000만 수준으로 유지되었다는 점이다. 이런 현상이 발생한 주요 원인은 당시 횡행하던 마비키(間引き)라는 악습이다. 가족 머릿수에 따라 세금을 부과하는 인두세(人頭稅) 방식의 징세를

피하려 부모가 갓 태어난 영아를 계속해서 살해한 탓에, 인구가 200년 넘게 큰 변동 없이 일정 수준으로 유지된 것이다.

이런 사정이 변한 것은 일본이 근대 국가로 변모하면서다. 산업화로 인해 노동 집약적 공업에 투입할 노동자가 대량으로 필요해졌고, 인구 증가를 유도하기 위해 영아 살해를 막아야만 했다. 자연스레 행해지던 마비키가 그제야 중범죄로 취급되기 시작한 것이다. 같은 목적으로 일본 정부는 낙태도 범죄로 의율(擬律)하기 시작했다. 이런 형법 체계가 일제의 식민 지배를 받던 조선에도 그대로 이어졌고, 해방 이후에도 한국 전쟁을 겪으며 발생한 인구 감소를 벌충할 목적으로 존치되었다. 윤리적 정당성을 떠나 애초에 인구 정책을 위해 발명된 죄였다.

여기에 현상 변경을 시도했던 것이 박정희 정권이다. 박정희 정권은 경제 성장률 둔화를 막기 위해서 피임 권장은 물론이고 낙태를 합법화하는 '모자 보건법(母子保健法)'을 1973년 제정해 인구 증가를 적극적으로 억제했다.

명목상의 제약만 남겨 두고 낙태가 폭넓게 허용된 셈이다. 이런 정책의 효과는 강력했는데, 1970년 합계 출산율은 4.5명이었지만 전두환 정권이 끝난 1989년에는 1.56명 수준으로 떨어졌다. 목표치보다 지나치게 출산율이 낮아진 것이다. 그러자 2005년 '저출산·고령 사회 기본법'이 제정되었고, 같은 해 처음으로 인공 임신 중절 실태 조사가 시행되었다. 그간 사문화되었던 낙태죄가 다시금 인구 증가라는 정책 목표를 위해 부활한 것이다. 그런데 지금까지의 내용은 과연 설득력 있는 분석이었을까?

사실 과거 사례를 분석하면 이런 접근은 엉터리에 가깝다. 일본에서 마비키라는 악습이 사라지게 된 까닭은, 영아 살해를 강력하게 단속하고 금지해서가 아니라 농업 생산력 증대로 과거보다 많은 인구를 부양할 수 있게 된 덕분이다. 마찬가지로 박정희 정권에서 낙태 허용이 효과를 낸 것은, 당시 피임률이 극도로 낮았기 때문이다. 관련 조사가 시작된 1976년의 피임 실천율은 44.2퍼센트에 불과해서, 낙태 외에는 원치 않는 출산을 막

모자 보건법 도입 전후의 합계 출산율 변화

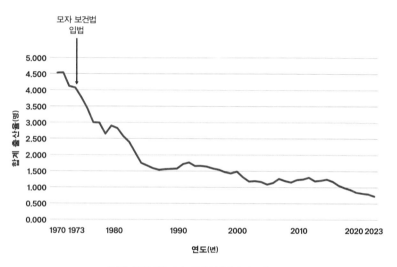

통계청, 「인구 동향 조사」, 국가 통계 승인 번호 제101003호.

연도(년)	합계 출산율(명)
1970	4.530
1971	4.540
1972	4.120
1973	4.070
1974	3.770
1975	3.430
1976	3.000
1977	2.990
1978	2.640
1979	2.900
1980	2.820
1981	2.570
1982	2.390
1983	2.060
1984	1.740
1985	1.660
1986	1.580
1987	1.530
1988	1.550
1989	1.560
1990	1.570
1991	1.710
1992	1.760
1993	1.654
1994	1.656
1995	1.634
1996	1.574

1997	1.537
1998	1.464
1999	1.425
2000	1.480
2001	1.309
2002	1.178
2003	1.191
2004	1.164
2005	1.085
2006	1.132
2007	1.259
2008	1.192
2009	1.149
2010	1.226
2011	1.244
2012	1.297
2013	1.187
2014	1.205
2015	1.239
2016	1.172
2017	1.052
2018	0.977
2019	0.918
2020	0.837
2021	0.808
2022	0.778
2023	0.720

을 방법이 거의 없었다. 그러니 피임 실천율이 80퍼센트를 넘는 요즈음은 낙태가 출산율에 유의미한 영향을 주는 요인이 아니다. 사회적 상황과 맥락을 무시하고 규제만 만들면 해결되리라는 생각이 착각이라는 말이다.

이것과는 정반대의 경우도 존재한다. 2000년대 초반, 일본 사회에서 노년 부부의 이혼 급증이 사회적 논란이 되었다. 장성한 자녀가 나리타 국제 공항에서 신혼여행을 떠나는 순간, 부모로서의 책무를 완성했다고 여긴 부부가 그간 유예했던 황혼 이혼(黃昏離婚)을 결행하는 모습이 자주 관찰되었기 때문이다. 당시에는 이웃 나라의 독특한 문화 현상이라는 흥밋거리로 국내에 소개되었지만, 20년이 흐른 지금은 우리가 급증한 황혼 이혼 문화의 당사자가 되었다. 대체 왜 이런 일이 발생하게 된 걸까?

황혼 이혼의 정의는 제각각이지만, 혼인한 지 30년이 넘은 부부가 이혼하는 것으로 좁혀 보더라도 증가 추이는 분명하다. 2000년 2,500여 건에 불과하던 황혼 이혼은 20여 년이 지난 2022년에는 1만 6000여 건으로 6배가량 껑충 뛰었다. 주목해야 하는 점은 같은 시기 전체 이혼 건수는 되레 줄어들었다는 사실이다. 4년 이내 신혼부부의 이혼 건수는 연간 3만 5000건에서 1만 7000건으로 절반으로 줄었고, 15년에서 19년 차 부부의 이혼 건수도 1만 8000건에서 1만 1000건으로 비슷한 양상을 보였다. 노년의 이혼만 다른 세대에서 관찰되는 전반적인 이혼 감소 추이를 거스르며 늘어난 것이다.

노년 여성이 이혼을 결심하는 이유는 국경을 초월해 대체로 비슷하다. 가부장적인 남성이 가정에서 권위적으로 군림하다 은퇴 시점이 도래한다. 남편이 가정에 가져오던 소득은 줄고, 부인의 가사 부담은 더 커진다. 하루 세끼를 모두 차려 줘야 한다는 이유로 '삼식이'라 불리는 권위적인 남편과의 갈등과 스트레스가 더 커지는 것이다. 그렇지만 이런 문화 분석만으로는 황혼 이혼의 급증을 설명하기가 어렵다. 지금은 과거보다 보수적 분위기가 되레 더 옅어졌기 때문이다.

혼인 기간별 이혼 건수

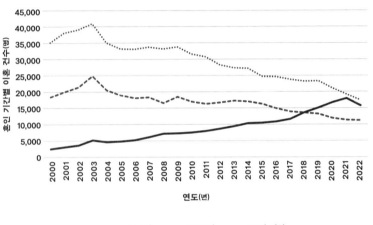

통계청, 「인구 동향 조사」, 국가 통계 승인 번호 제101003호.

혼인 기간별 이혼 건수 (명) / 연도(년)	0~4년	15~19년	30년 이상
2000	35,047	18,342	2,481
2001	38,003	19,924	3,058
2002	38,963	21,357	3,611
2003	40,925	24,800	5,142
2004	34,976	20,492	4,578
2005	33,144	18,887	4,800
2006	33,023	18,014	5,184
2007	33,670	18,252	6,090
2008	33,114	16,478	7,145
2009	33,718	18,398	7,240
2010	31,528	16,906	7,482
2011	30,689	16,226	7,949
2012	28,205	16,635	8,647
2013	27,299	17,176	9,376
2014	27,162	16,963	10,319
2015	24,666	16,205	10,431
2016	24,597	14,868	10,807
2017	23,749	13,846	11,580
2018	23,209	13,545	13,580
2019	23,291	13,158	15,004
2020	21,093	11,866	16,629
2021	19,116	11,280	17,869
2022	17,339	11,158	15,651

국내외 황혼 이혼 연구를 살펴보면, 노년기 이혼의 급증 이유는 이혼과 관련된 제도 변화와 관계가 깊다. 대표적인 예가 이혼 시 재산 분할이다. 지금은 당연하게 여겨지는 재산 분할 제도가 국내에 도입된 때는 1991년인데, 관련 제도가 생기자 이혼 직전에 재산을 타인 명의로 빼돌리는 일이 자주 발생했다. 이를 방지하는 법률 개정은 2007년에야 이루어졌고, 2014년에는 미래에 받을 퇴직금과 공무원 연금 등도 재산 분할 대상으로 보아야 한다는 대법원 판례까지 나오게 되었다. 최근에는 민간 보험사에서 개발한 연금형 상품이나 사회 보험에도 연금 분할이 이루어져야 한다는 논의가 있어, 재산 분할의 범위와 규모는 현재도 계속 넓어지는 추세다.

오해하지 말아야 할 점은 이런 제도 변화가 이혼을 인위적으로 조장(助長)한 것이 아니라는 사실이다. 바뀐 법은 이미 파탄 난 혼인 관계를 억지로 유지하던 이들이 마침내 헤어질 결심을 할 수 있도록 도와준 게 전부다. 재산 분할 제도가 자리를 잡으며 이혼을 결심한 배우자가 노년에 겪을 경제적 불안이 줄어서다. 극단적인 사례이기는 하지만 이혼 소송 과정에서 수천억, 심지어는 조 단위의 재산 분할 판결이 나오기도 하는 것을 고려하면, 앞으로도 이런 추이는 계속 이어질 개연성이 크다. 결국 제도는 사회 변화를 늦게나마 반영할 뿐, 사회를 완전히 반대 방향으로 끌고 가기는 어렵다. 제도로 모든 것을 해결하려는 것이 아닌 보다 근원적 문제를 살펴야만 하는 이유다.

그래도 여전히 처벌을 강화하면 많은 것을 바꿀 수 있다는 강한 확신을 가진 분들이 계실 테다. 강력한 처벌 정책을 시행하는 대표적인 국가인 미국의 사례를 살펴보면, 그 생각이 조금 바뀌실지도 모른다.

20 **3년 이내 재범률**

무관용·엄벌주의의 실패

잔혹한 강력 범죄가 의제화될 때는 곧잘 미국이 소환된다. 유사한 범죄를 저지른 미국 범죄자와 형량이 극단적으로 차이가 나서다. 가령 2020년 출소한 아동 성범죄자 조두순은 당시 충격적인 범행에도 고작 징역 12년을 살고 나온 것이 전부였다. 만약 그가 동일한 범죄를 미국에서 저질렀다면 어땠을까? 피해자가 만 12세 미만의 아동이었으니 아마 조두순은 최소 25년 이상의 징역형을 선고받았을 것이다. 그러니 그와 비교해 실제로 조두순이 우리나라에서 받은 처벌이 너무 가볍다며 우리 형법 제도를 질타하는 반응이 뒤따른다. 흉악한 범행에 대해 느끼는 의분(義憤)이야 나무랄 데가 없지만, 정작 미국의 형사 정책이 엄벌주의로만 일관한 탓에 철저한 실패를 거듭하고 있다는 사실은 그리 잘 알려지지 않았다는 점이 문제다.

2021년 미국 법무부(Department of Justice, DOJ)가 발간한 보고서를 살펴보자. 2012년에 출소한 41만 명가량의 전과자를 5년 동안 추적 관찰해, 출소 이후 체포된 이력이 있는지를 파악했다. 결과는 충격적이다. 추적 관찰한 41만 명 중 5년 이내에 재범(再犯)한 누적 비율이 70.8퍼센트라서다. 상대적으로 가벼운 범죄에서만 재범률이 높은 것이 아니냐는 생각이 들 수도 있으나, 강력 범죄로 좁혀도 수치는 크게 바뀌지 않는다. 살인이나 강간, 강도 같은 폭력 범죄의 5년 내 누적 재범률은 65.2퍼센트였고, 마약과 같은 약물과 관련된 범죄는 69.7퍼센트, 절도나 사기 같은 재산형 범죄는 78.3퍼센트가 5년 내 다시 범죄를 저질렀다. 초범(初犯)으로 대상자를 좁혀도 재범률이 68.6퍼센트니, 그야말로 형사 정책의 실패다.

전과자의 재범 가능성이 이렇게나 크다면, 애초에 출소를 시키지 않고 계속 가둬 두면 되지 않겠냐는 생각이 들 수도 있다. 실제로 과거 미국은 이런 정책을 현재보다 더 적극적으로 폈다. 재소자를 지역 농장이나 건설 현장 등에 '파견'하는 것이 법적으로 허용되어, 죄수를 늘릴수록 주 정부의 재정이 풍족해졌기 때문이다. 노예제가 폐지되며 증발한 노동력을 값은 핑계로 가둬 들인 죄수들의 노동력으로 채우는 식이었다. 그렇지만 1928년 앨라배마 주를 마지막으로 정부 차원에서 민간 기업으로의 죄수 임대(convict leasing)가 금지되자 기껏 인원을 늘려 둔 교도소 운영을 효과적으로 수행하기가 어려워졌고, 운영 부담을 덜기 위해 결국 민영 교도소가 허용되었다. 교도소장부터 교도관까지 모두 민간 기업이 선발해 운영할 수 있도록 민영화를 해 준 것이다.

이윤 추구가 제1목적인 민영 교도소가 재범을 막는

미국 전과자의 석방 연차별 누적 재범률

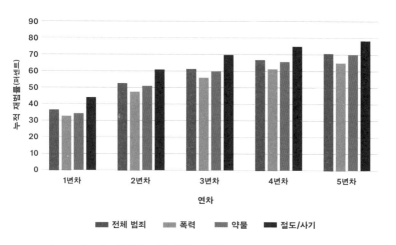

Bureau of Justice Statistics, "Recidivism of Prisoners Released in 34 States in 2012:
A 5-Year Follow-up Period(2012-2017)," *U.S. Department of Justice, Office of Justice
Programs' Special Report* (Jul 2021). NCJ 255947

누적 재범률 (퍼센트) 연차	전체 범죄	폭력	약물	절도/사기
1년차	36.8	33.0	34.3	44.0
2년차	52.9	47.8	51.0	60.9
3년차	61.5	56.3	59.7	69.7
4년차	67.0	61.5	65.6	74.8
5년차	70.8	65.2	69.8	78.3

교화(教化) 기능에 충실할 이유는 없다. 교도관 1인이 담당하는 재소자 수가 늘고, 재소자 처우가 열악해져도 이를 방치하니, 출소한 이들도 재범을 저질러 재차 교도소로 돌아온다. 아무리 민영 교도소를 늘려도 이들을 모두 수용할 시설을 갖추긴 어렵다. 재정 문제도 있지만, 2022년 기준으로 이미 약 120만 명이 수용된 상태라서다. 실제로 캘리포니아 주는 재소자가 교정 시설 수용 한계를 넘어설 것을 우려해 최근 10년간 중범죄로 의율하는 절도죄의 기준을 400달러(약 60만 원)에서 950달러(약 130만 원)로 2배 넘게 높였다. 낮 시간대 대로변 상점이 절도를 당하는 심각한 치안 공백이 발생하게 된 연원이다.

　이런 형사 정책 실패 상황에서 국민의 분노를 달랠 방법이 뭘까? 범죄 수사와 치안을 담당할 수사 기관 인력을 늘리고, 적발된 범죄자에게는 높은 형량을 구형해 사법 시스템이 제대로 돌아간다는 착각을 주는 것이 현재 미국이 선택한 방법이다. 정작 그렇게 잡아들인 범죄자가 교도소에서 새로운 범죄 지식을 습득하고, 사회로 나와 재범을 저지르는 일이 반복될 뿐인데도 '속 시원한 형량'이 만족감을 줘서다. 2022년 기준 3년 내 재범률이 23.8퍼센트에 불과하고, 연간 재소자 규모를 전체 인구의 0.1퍼센트인 5만 명 정도로 관리 중인 우리나라가 부러워할 상황이 맞을까?

미국의 사례에서 알 수 있듯, 무작정 형량을 엄하게 책정하자는 엄벌주의는 실제 범죄 발생이라는 문제 해결에는 별다른 도움이 되지 않는다. 실제로 미국 형사학자들이 제안하는 것은 범죄 발생 가능성이 큰 고위험 청소년을 조기에 선별해, 이들이 범죄의 길로 접어들지 않게 교화하는 방식이다. 악인을 선인으로 바꾸는 SF 소설 속 정신 개조를 말하는 것이 아니다. 범죄를 저지르지 않고 생계를 유지하는 방법을 배우고, 범죄 집단을 떠나서도 인간 관계를 맺고 사는 방법을 가르쳐 범죄 조직에서 벗어날 길을 열어 주자는 현실적 방법이다.

이들을 방치하면 생애 과정 내내 범죄를 반복적으로 저지르니, 이들에 대한 지원 예산이 당장은 커 보여도

교도소 출소자의 3년 이내 재범률

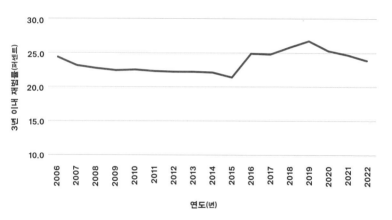

법무부, 「2022 법무 연감」, 2023년 7월, 발간 등록 번호 11-1270000-000012-10.

연도(년)	3년 이내 재범률(퍼센트)
2006	24.3
2007	23.1
2008	22.7
2009	22.4
2010	22.5
2011	22.3
2012	22.2
2013	22.2
2014	22.1
2015	21.4
2016	24.8
2017	24.7
2018	25.7
2019	26.6
2020	25.2
2021	24.6
2022	23.8

장기적으로는 사회적 비용 절감을 불러올 수 있다는 논리다. 교화 지원을 통해 이런 청소년들이 평생 저지를 것으로 예상되는 잠재적인 범죄를 예방할 수만 있다면, 이들의 갱생(更生)이 본인은 물론 사회에도 이득이지 않겠는가. 엄벌주의의 폐해를 겪는 중인 미국에서는 이런 논의가 오간다. 그런데 우리는 재범 가능성을 줄이고, 사회 정책과 복지 정책을 통해 범죄의 길로 빠져들기 쉬운 이들을 준법 시민으로 남겨 놓는 옳은 방법 대신 '형량' 문제만 지나치게 부각하는 미국의 길을 걸어가고 있다. 특히나 최근에는 전과자에 대한 사적 제재를 꾀하는 유튜브 채널도 생길 정도니, 이런 추이는 더 나빠지는 상황이라고 할 수 있다. 그렇다고 해서 먼저 처참한 실패를 겪은 미국을 늦게야 따라갈 이유는 없다. 결국 선의에서 출발한 복지 정책부터, 악의를 처벌하는 형사 정책까지 단순한 일은 하나도 없다. 세심하게 숫자를 보며, 부작용과 효과를 저울질해야 최선의 결과를 낼 수 있다. 이것이야말로 숫자의 진정한 쓰임이다.

숫자 뒤에 숨은 것들

여러 분야의 숫자를 두루 살펴봤으니, 이제 숫자 읽는 법이 조금은 친숙해지셨을 테다. 그러니 마지막은 조금 다른 이야기를 해 보자. 숫자는 왜 이토록 힘이 셀까? 이를 이해하려면 숫자가 없는 논리의 세계를 먼저 떠올려 보아야만 한다. 숫자 없는 논리의 세계는 무한한 가능성의 우주와 같다. 특정한 논리적 주장은 하나의 개연성 있는 가능성일 뿐이고, 이는 다른 가능성으로 쉽게 대체될 수 있다. 그렇지만 둘 다 가능성의 영역에만 존재하기에, 서로를 완벽히 배격하진 못한다. 예를 하나 들어 보자. 동남아시아에 위치한 불교 국가 태국과 북아프리카에 위치한 이슬람 국가 알제리 중에 어느 나라의 인구가 더 많을까?

혹자는 이런 주장을 펼 수도 있다. "아프리카 지역은 세계에서 인구 성장세가 가장 가파른 곳 중 하나이고, 이슬람 문화권은 다산(多産)을 강조한다. 그러니 알제리의 인구가 태국 인구보다 많을 것이다." 반면에 어떤 이는 이런 주장을 펼 수도 있다. "아프리카 지역은 경제 발달이 더디고, 식민 지배의 여파로 부족 간 갈등과 내전 등 정치적 불안정성이 높다. 그렇지만 태국은 동남아시아에서 유일하게 식민 지배를 겪지 않은 관광 대국이자, 겨울이 없는 열대 기후다. 태국의 인구가 알제리보다 적을 이유가 없다." 이런 논증을 모호한 가능성의 세계에서 현실로 끌어내리는 것이 숫자의 역할이다.

정답을 보자. 2023년 기준 태국 인구(7180만 명)가 알제리 인구(4560만 명)보다 많다. 숫자가 나온 이상 가능성을 논하는 논리는 설 자리를 잃는다. 숫자가 그렇게 힘이 센 이유다.

　이 대목에서 우리가 짚어 봐야 하는 것은 저런 '숫자'가 만들어지는 이유다. 숫자를 만드는 데는 시간과 돈이 든다. 누군가가 자신의 돈과 시간을 헐어 그런 숫자를 만드는 데 썼다면 거기에는 그만큼의 비용을 지불한 누군가의 의지와 욕망이 있다. 예컨대 몇 년 전 저출산 대책 수립 과정에서 나와 빈축을 샀던 「대한민국 출산 지도」를 생각해 보자. 지역별 가임기 여성을 시각화해서 저출산을 막겠다는 것은 황당한 접근이지만, 국가가 애써 가임기 여성 수를 집계하는 것은 인구 정책의 기초 자료로 이 숫자가 필요하기 때문이다. 인구 예측이 바르게 진행되어야 경제 개발 계획이나 세수 예측, 국방 자원 인력 충원 계획 등을 수립할 수 있기에 이런 숫자를 만드는 데 흔쾌히 비용을 지출하는 것이다.

　숫자를 만드는 데 막대한 비용이 든다는 점을 고려하면, 우리가 막연히 신뢰하는 '객관적인 숫자'라는 관념은 우리 생각과는 조금 다르다. 오해하지 말아야 할 것은, 이것은 숫자 자체가 진실하지 않다는 식의 이야기가 아니라는 점이다. 숫자 자체는 그대로 읽으면 된다. 문제가 되는 것은 본인들이 원하는 통계를 작성하기 위해 돈과 시간을 투입할 능력이 극히 소수의 행위자에게만 있다는 지점이다. 예컨대 우리나라에서 공식적인 노숙자 통계는 2016년에야 처음으로 집계되었다. 노숙자 개인에 대한 복지 외에는 그 자료를 쓸 곳이 없어서다. 비슷하게 고독사 현황은 2017년, 가출 청소년은 2021년, 고립·은둔 청년에 대한 실태 조사는 2022년에야 처음 수행되었다. 늦게나마 국가 통계가 작성되기 전까지 이들은 국가의 필요가 적다는 이유로 막연한 가능성의 세계에서 오랫동안 벗어나질 못했던 셈이다.

단순히 사회적 약자에 대한 복지 수준이 아닌, 경제적 이권이 걸린 영역이라면 이런 문제는 더욱 심각해진다. 대표적인 사례가 흡연이다. 지금은 흡연이 폐암처럼 건강에 해로운 영향을 미친다는 것이 정설로 받아들여지고 있지만, 1960년대까지만 하더라도 흡연의 폐해는 널리 알려지질 못했다. 막대한 돈을 벌어들이는 다국적 담배 회사들이 그런 연구에 연구비를 투입하지 않은 것은 물론, 적극적 광고 집행으로 담배에 부정적인 여론이 생기는 것을 필사적으로 방어했기 때문이다. 그중 하나인 필립 모리스(Philip Morris) 사는 심지어 2001년에는 전략 컨설팅(strategy consulting) 업체를 고용해 체코 공화국을 대상으로 황당한 연구까지 진행했다. 흡연으로 인한 조기 사망이 노인에 대한 장기적인 복지와 보건 비용을 줄여, 국가 재정에 도움이 된다는 보고서를 내놓은 것이다. 맵시 있고 객관적인 숫자 뒤에 숨은 추악한 의도다.

결국 우리는 책에서 살핀 것처럼 숫자를 바르게 읽는 것에서 그치는 것이 아닌, 이런 숫자를 누가 무슨 의도로 생산한 것인지까지도 한 번 정도는 고민해 봐야 한다. 그리고 그 의도가 내가 생각하는 더 바람직한 세상과 맞지 않다면, 그 숫자를 억지로 부정하는 것이 아니라 이를 반박할 새로운 숫자를 만들 방법을 고민해야만 한다. 물론 그런 통계는 '실익이 없어' 작성되지 않고 있을 개연성이 크다. 그러니 더더욱 어떤 숫자가, 우리 사회에 왜 필요한지를 치열하게 공적 영역에서 다투어야만 한다. 작은 단체나 뜻있는 개인은 그런 통계를 만들 시간과 돈을 투입하기 어렵기 때문이다. 그렇지만 이것은 너무 먼 이야기다. 지금은 그저 이 책이 숫자를 읽는 방법에 능숙해지는 데 조금이라도 도움이 되었기를 희망한다. 나 하나쯤 그럴 능력을 갖추는 게 무슨 의미냐는 평가 절하는 하지 말자. 시민 한 사람, 한 사람이 그런 능력을 갖추는 것이 바로 한국 사회가 더 바람직한 미래로 가기 위한 시발점이기 때문이다.

참고 문헌

여는 글 왜 숫자를 읽어야 하나?

고용노동부, 「2022 전국 노동 조합 조직 현황」, 2023년 12월, 발간 등록 번호 11-1492000-000405-10.

김해정, 장현은, 「윤 정부 탄압에······ 노조 조직률 13.1%로 7년 만에 감소」, 《한겨레》 2024년 1월 24일.

고용노동부, 「(설명) 한겨레, "윤 정부 탄압에······ 노조 조직률 7년 만에 감소" 기사 등 관련」, 2024년 1월 보도 설명 자료.

OECD, "Trade Unions: Collective Bargaining Coverage (Edition 2023)," OECD Employment and Labour Market Statistics (database), 2024.

Ömer Tuğrul Açıkgöz, and Barış Kaymak, "The Rising Skill Premium and Deunionization." *Journal of Monetary Economics* 63, Apr 2014, pp. 37-50.

Mathieu Taschereau-Dumouchel, "The Union Threat," *The Review of Economic Studies* 87(6), Nov 2020, pp. 2859-2892.

Ünal Töngür, and Adem Yavuz Elveren, "Deunionization and Pay Inequality in OECD Countries: A Panel Granger Causality Approach," *Economic Modelling* 38, Feb 2014, pp. 417-425.

Daniele Checchi, Jelle Visser, and Herman G. Van De Werfhorst, "Inequality and Union Membership: The Influence of Relative Earnings and Inequality Attitudes," *British Journal of Industrial Relations* 48(1), Mar 2010, pp. 84-108.

정병기, 「"무노조 삼성, '노키아' 따라잡지 못할 것"」, 《매일노동뉴스》 2007년 4월 26일.

1 한국인의 평균 수명

Office for National Statistics(ONS), "National Life Tables – Life Expectancy in the UK: 2020 to 2022," ONS website, statistical bulletin (Jan 2024).

박지영, 「제국의 생명력: 경성 제국 대학 의학부 위생학 예방 의학 교실의 인구 통계 연구: 1926-1945」, 서울 대학교 대학원, 박사 학위 논문, 2019년.

구자흥, 유동선, 「한국인 최초의 생명표에 관하여」, 《한국 수학사 학회지》 제

13권 제2호, 2000년, 1-12쪽.

Jade Khalife, and Derrick VanGennep, "COVID-19 Herd Immunity in the Absence of a Vaccine: An Irresponsible Approach," *Epidemiology and Health* 43, Feb 2021, pp. 1-12.

2 가구 소득별 산후 조리 기간

Ana Cobo et al., "Elective and Onco-fertility Preservation: Factors Related to IVF Outcomes," *Human reproduction*, 33(12), Oct 2018, pp. 2222-2231.

Jacques Donnez, and Marie-Madeleine Dolmans, "Fertility Preservation in Women," *New England Journal of Medicine* 377(17), Oct 2017, pp. 1657-1665.

건강 보험 심사 평가원, 「불임 및 난임 시술 진료 현황 분석」, 2023년 5월.

육아 정책 연구소, 「산모 및 신생아 건강 지원 서비스 개선 방안 연구」, 2020년 12월.

통계청, 「2022년 육아 휴직 통계」, 2023년 12월, 국가 통계 승인 번호 제101092호.

보건복지부, 「2021년 산후 조리 실태 조사 분석」, 2021년 11월, 발간 등록 번호 11-1352000-003158-12.

3 국군 현역 판정률

통계청, 「장래 인구 추계(2022 인구 총조사 기준)」, 2024년 2월, 발간 등록 번호 11-1240000-000125-13.

통계청, 「인구 동향 조사」, 승인 번호 제101003호.

국방부, 「민·관·군 병영 문화 혁신 위원회 출범식」, 2014년 8월 보도 자료.

병무청, 「2022 병무 통계 연보(I)」, 2023년 6월, 발간 등록 번호 11-1300000-000126-10.

송유근, 「불법 집회 난무하는데…… 경찰 기동대 인력 5년 새 61% 줄어」,《동아일보》2023년 5월 23일.

경찰청, 「2022년 경찰 통계 연보」, 2023년 11월.

4 이유 없는 비경제 활동 인구

통계청, 「2023년 경제 활동 인구 연보」, 2024년 5월, 발간 등록 번호 11-1240000-000058-10.

통계청, 「2023년 5월 경제 활동 인구 조사 청년층 부가 조사 결과」, 2023년 7월 보도 자료.

통계청, 「2023년 8월 경제 활동 인구 조사 비경제 활동 인구 부가 조사 결과」, 2023년 11월 보도 자료.

오선정, 『아르바이트 노동의 개념과 특성』(한국 노동 연구원, 2018년).

한국 고용 정보원, 「시간제 일자리 동향과 정책 과제」, 2020년 12월.

남재욱, 이다미, 「한국에서 '좋은' 시간제 일자리는 가능한가?」,《한국 사회 정책》제27권 제1호, 2020년, 187-221쪽.

한국 고용 정보원, 「2022년 고용 보험 통계 연보」, 2023년 12월, 승인 번호 제327002호.

5 노년 부양비 추계

찰스 굿하트, 마노즈 프라단, 백우진 옮김, 『인구 대역전』(생각의힘, 2021년).

한국 장기 조직 기증원, 「2022 한국 장기 조직 기증원 연간 보고서」, 2023년 4월.

통계청, 「장래 인구 추계(2022 인구 총조사 기준)」, 2024년 2월, 발간 등록 번호 11-1240000-000125-13.

임정미 외 8인, 『인구 구조 변화에 대응한 노인 장기 요양 인력 중장기 확보 방안』(한국 보건 사회 연구원, 2019년).

대통령 직속 정책 기획 위원회, 「노인 장기 요양 보험 정책의 주요 쟁점 및 향후 과제」, 2022년 5월.

6 인공 지능 노출 지수

한국은행, 「AI와 노동 시장 변화」, 《BOK 이슈 노트》 제2023-30호, 2023년.

Tyna Eloundou et al., "GPTs are GPTs: An Early Look at the Labor Market Impact Potential of Large Language Models," arXiv preprint arXiv:2303.10130 (Aug 2023).

Richard G. Lipsey, Kenneth I. Carlaw, and Clifford T. Bekar, *Economic Transformations: General Purpose Technologies and Long-term Economic Growth*, Oxford University Press, 2005.

7 마약류 사용량 추정치

식품 의약품 안전처 마약 정책과, 「하수 역학 기반 마약류 실태 조사 결과 상세 데이터」, 2024년 5월 정책 정보 자료.

이봉한, 「마약류 범죄의 추세와 전망」,《한국 중독 범죄 학회보》제9권 제4호,
　　2019년, 133-156쪽.

이창훈, 「암수범죄 추정: 미신고율을 활용한 수학적 모형」,《형사 정책》제26
　　권 제1호, 2014년, 109-136쪽.

한국 데이터 산업 진흥원, 「2023 데이터 산업 백서」, 2023년 10월.

David Reinsel, John Gantz, and John Rydning, "The Digitization of
　　the World, from Edge to Core," An IDC White Paper-#US44413318,
　　Sponsored by Seagate (Nov 2018).

Anupam Chander, and Haochen Sun, *Data Sovereignty : From the Digital Silk
　　Road to the Return of the State*, Oxford University Press, 2023.

박주희, 「데이터의 탈영토성과 사이버 공간 주권」,《국제 법학회 논총》제67
　　권 제2호, 2022년, 9-35쪽.

유준구, 「국제 안보 차원의 데이터 주권 논의의 이중성과 시사점」,《국가 전
　　략》제27권 제2호, 2021년, 115-136쪽.

강달천, 「중국의 데이터 보호 관련 입법 동향과 데이터 주권에 관한 고찰」,
　　《중앙 법학》제23집 제2호, 2021년, 7-48쪽.

8 지역별 전력 자급률

한국 전력 공사, 「2022년 한국 전력 통계(제92호)」, 2023년 5월, 국가 통계 승
　　인 번호 제310002호.

산업통상자원부, 「제10차 전력 수급 기본 계획(2022~2036)」, 2023년 1월, 산

업통상자원부 공고 제2023-036호.

김회권, 「데이터 센터의 비싼 청구서…… AI 전쟁보다 먼저 닥친 '전력 전쟁'」, 《주간조선》 2024년 6월 16일.

김현우, 「"한국이 원전 오염수 더 버린다"는 일본 주장 사실일까」, 《한국일보》 2021년 4월 14일.

성중탁, 「전기 요금의 법적 성격 및 요금 결정 체계의 문제점」, 《법제》 제697 권, 2022년, 43-75쪽.

박진표, 「전기 공급과 전기 요금의 거버넌스」, 《전기 저널》 2022년 8월 4일.

부산 발전 연구원, 「지역별 전기 요금 차등제 도입 방안」, 2016년 9월.

충남 연구원, 「공정한 전기 요금제 개편의 사회적 공론화 용역」, 2017년 2월.

조재희, 「새 원전 가동해도, 전기 보낼 송전선 부족…… 탈원전 때 확장 안 했 다」, 《조선일보》 2022년 12월 19일.

9 R&D 예산 삭감 횟수

찰스 굿하트, 마노즈 프라단, 백우진 옮김, 『인구 대역전』(생각의힘, 2021년).

데이비드 옥스, 헨리 윌리엄스, 전리오 옮김, 이우창 해제, 『지구적 발전의 길 고도 느린 죽음』(스리체어스, 2023년).

United Nations Department of Economic and Social Affairs, Population Division, *World Population Prospects 2022: Summary of Results*, United Nations Publication, 2022.

David H. Autor, "Why Are There Still So Many Jobs? The History and Future of Workplace Automation," *Journal of Economic Perspectives*

29(3), Summer 2015, pp. 3-30.

김경윤, 「거센 반발 직면한 AI 웹툰…… 네이버 웹툰 도전 만화서 보이콧 운동도」, 《연합뉴스》 2023년 6월 4일.

National Science Board, National Science Foundation, "Research and Development: U.S. Trends and International Comparisons," *Science and Engineering Indicators 2020*, Jan 2020.

Hulya Ulku. "R&D, Innovation, and Economic Growth: An Empirical Analysis," *International Monetary Fund Working Paper* 2004(185), Sep 2004.

김진우, 「10년 만에 열린 '현대차 생산직' 채용… 대졸자 석·박사도 지원」, 《라이센스뉴스》 2023년 3월 6일.

이정호, 유새슬, 「쪼그라들었던 R&D 예산, 1년 만에 '원상 복구'… 과학계 "일단 환영"」, 《경향신문》 2024년 6월 27일.

10 온·오프라인 매출 비중

한국 고용 정보원, 「플랫폼 종사자 규모와 근무 실태」, 2022년 8월, 기본 연구 사업 보고서 2021-08.

박수민, 「앱과 거리를 연결하는 배달 노동자: 디지털 경제 시대의 혼종적 작업장」, 《경제와 사회》 제139호, 2023년, 232-269쪽.

Alex J. Wood. "Algorithmic Management: Consequences for Work Organisation and Working Conditions," *JRC Working Papers Series on Labour, Education and Technology* 2021(07), May 2021.

산업연구원, 「플랫폼 노동 선택의 결정 요인과 플랫폼 종사자의 직업 이동 경
로 분석」, 2023년 4월.

조성익, 「플랫폼 기업 결합 심사 개선 방향」, 《KDI FOCUS》 제120호, 2023년.

산업통상자원부, 「2023년 연간 유통 업체 매출 동향」, 2024년 1월.

안태호, 「쿠팡 알고리즘 조작, 네이버처럼 '부당 유인' 판결 가능성」, 《한겨레》
2024년 6월 27일.

11 이 감염증 아동 청소년 수

건강 보험 심사 평가원, 보건 의료 빅 데이터 개방 시스템(HIRA).

제3대 국회, 제22회 제84차 국회 본회의 회의록, 1956년 10월 11일.

정준호, 「1956년 파라치온 집단 중독 사건과 '농약 관리법'의 제정」, 《역사 비
평》 제144호, 2023년, 356-380쪽.

최보식, 「각급교(校)에 머릿니 다시 극성」, 《조선일보》 1991년 12월 24일.

12 연간 장염 환자 수

이종구, 박은성, 「저출산·고령화 직격탄······ 대목 앞두고 폐업·휴업 잇따르
는 스키장」, 《한국일보》 2022년 10월 14일.

차병섭, 「미·중·유럽 이례적 극심 가뭄······ 세계 3대 경제권 동시 타격」, 《연
합뉴스》 2022년 8월 22일.

건강 보험 심사 평가원, 보건 의료 빅 데이터 개방 시스템(HIRA).

신호성 외 3인. 「기후 변화와 식중독 발생 예측」, 《보건 사회 연구》 제29권 제1
호, 2009년. 123-138쪽.

13 방어와 오징어 연간 어획량

제임스 호프만, 공민희 옮김, 『커피 아틀라스』(디자인이음, 2022년).

정지원, 「콜롬비아 농업 현황과 시사점」, 《세계 농업》 제177호, 2015년.

Yen Pham et al., "The Impact of Climate Change and Variability on Coffee Production: A Systematic Review," *Climatic Change* 156, Sep 2019, pp. 609–630.

U.S. Department of Agriculture, Foreign Agricultural Service. (n.d.). Foreign Agricultural Service data APIs: Export Sales Report (ESR), Global Agricultural Trade System (GATS), and Production, Supply & Distribution (PSD) databases. Retrieved Aug 31 2024, from https://apps.fas.usda.gov/gats/default.aspx

정우용, 「고령군 아열대 소득작물 한라봉 첫 출하…… 3kg 2만~3만 원」, 《뉴스1》 2022년 12월 30일.

정석근, 『되짚어보는 수산학』(베토, 2022년).

유형재, 「"오징어는 안 잡히지만…… 청어·복어·붉은대게는 풍어"」, 《연합뉴스》 2024년 2월 20일.

해양수산부, 「어업 생산 동향 조사」, 2023년 12월, 승인 번호 제123022호.

송혜진, 「기후 변화와 서식지 수온 변화에 따른 북서태평양 살오징어 (*Todarodes pacificus*)의 어획량 변동」, 《한국 수산 과학회지》 제51권 제3호, 2018년, 338–343쪽.

김준범, 「김 양식 이젠 '땅'에서…… '흑산 홍어'도 옛말」, 《KBS》 2023년 6월 20일.

김봉태, 윤유진, 「김·미역 양식의 기후 변화 피해 비용 분석」, 《수산경영론
    집》제54권 제2호, 2023년, 45–58쪽.
한국 해양 수산 개발원, 「2024 해양 수산 전략 리포트」, 2023년 12월.

14 삼림 감소 면적

Rajesh K. Srivastava et al., "Biomass Utilization and Production of Biofuels
    from Carbon Neutral Materials," *Environmental Pollution* 276, May 2021,
    116731.

Sebastião Vieira de Freitas Netto, et al. "Concepts and Forms of
    Greenwashing: A Systematic Review," *Environmental Sciences Europe*
    32(1), Feb 2020, pp. 1–12.

Belinda A. Margono et al., "Primary Forest Cover Loss in Indonesia Over
    2000–2012," *Nature Climate Change* 4(8), Aug 2014, pp. 730–735.

Patricia Cohen, "Can Europe Save Forests Without Killing Jobs in
    Malaysia?", *New York Times*, March 14, 2024.

Comité de Minería No Metálica, "Estudio de Modelos Hidrogeológicos
    Conceptuales Integrados, para los Salares de Atacama, Maricunga
    y Pedernales," Corporación de Fomento de la Producción de
    Chile(CORFO) Etapa III. Informe final (Mar 2018).

Brendan J. Moran et al., "Relic Groundwater and Prolonged Drought
    Confound Interpretations of Water Sustainability and Lithium
    Extraction in Arid Lands," *Earth's Future* 10(7), Jul 2022,

e2021EF002555.

Bárbara Jerez, Ingrid Garces, and Robinson Torres-Salinas, "Lithium Extractivism and Water Injustices in the Salar de Atacama, Chile: The Colonial Shadow of Green Electromobility," *Political Geography* 87, May 2021, 102382.

Maria L. Vera et al., "Environmental Impact of Direct Lithium Extraction from Brines," *Nature Reviews Earth & Environment* 4(3), Feb 2023, pp. 149-165.

15 코로나19 전후 미세 먼지 농도

윤슬기, 「[포커스] '국회 미세 먼지 방중단' 中에 퇴짜…… 굴욕 외교 자초?」, 《TV조선》 2019년 4월 17일.

임동엽 외 3인, 「우리나라 배경 지역에서 분진의 기간별 분석, 미측정 PM2.5 자료의 추정 및 COVID-19의 영향 평가」, 《한국 대기 환경 학회지》 제37권 제4호, 2021년, 670-690쪽.

Qing Wang et al., "Estimation of PM2.5-associated disease burden in China in 2020 and 2030 using population and air quality scenarios: a modelling study," *The Lancet Planetary Health* 3(2), Feb 2019, pp. e71-e80.

Guannan Geng et al., "Tracking Air Pollution in China: Near Real-time PM2.5 Retrievals from Multisource Data Fusion," *Environmental Science & Technology* 55(17), Aug 2021, pp. 12106-12115.

Jennifer Duggan, "Beijing to Spend £76bn to Improve City's Air Quality," *The Guardian*, Jan 23, 2014.

요한 록스트룀, 오웬 가프니, 전병옥 옮김. 『브레이킹 바운더리스』(사이언스북스, 2022)

16 알코올 중독 여성 환자 비율

윤희일, 「35도→14도, 소주 도수 낮추기 경쟁 100년 역사」, 《경향신문》 2023년 2월 22일.

김광기 외 4인, 「우리나라 여성의 고위험 음주 변화 추세에 관한 연령-기간-코호트 분석」, 《보건과 사회 과학》 제50집, 2019년, 91-109쪽.

김광기 외 5인, 「여성 고위험 음주 감소를 위한 정책 현황과 과제: HP 모니터링에 근거하여」, 《보건 교육 건강 증진 학회지》 제34권 제4호, 2017년, 27-39쪽.

조미현, 「"담배·술값 올린다." 하루 만에…… 당정 "전혀 계획 없어."」, 《한국경제》 2021년 1월 28일.

양성범, 양승룡. 「음주로 인한 사회적 비용 감소를 위한 건강 증진 부담금 부과 방안」, 《보건 경제와 정책 연구》 제18권 제1호, 2012년, 67-90쪽.

17 가계 지출 중 현금 비중

조율, 「'현금 없는 버스' 한 달…… "시민 편의성" vs "디지털 약자 외면"」, 《문화일보》 2023년 4월 3일.

한국은행, 「2021년 경제 주체별 현금 사용 행태 조사」, 2022년 6월, 한국은행 보도 자료 공보 2022-06-23호.

구아모, 양승수, 「매일 무인 주문 기계와 전쟁…… 노인을 위한 디지털은 없다」, 《조선일보》 2023년 10월 23일.

18 중증 정신 질환자의 재진료 비율

김다영, 「'묻지마 칼부림'에 국민 정신 검사 확대되나…… '사법 입원'도 속도」, 《중앙일보》 2023년 8월 10일.

국립 정신 건강 센터, 「국가 정신 건강 현황 보고서 2021」, 2023년 1월. 발간 등록 번호 11-1352629-000022-10.

E. Fuller Torrey et al., *The Treatment of Persons with Mental Illness in Prisons and Jails: A State Survey*, Treatment Advocacy Center, Apr 2014.

국회 입법 조사처, 「정신 질환자 사법 입원 제도 도입 논의의 배경과 쟁점 및 과제」, 《이슈와 논점》 제1567호, 2019년, 발간 등록 번호 31-9735042-001341-14.

법무부, 「2022 교정 통계 연보」, 2022년 7월, 발간 등록 번호 11-1271588-000001-10.

보건복지부, 「2022 보건복지 통계 연보」, 2022년 12월, 발간 등록 번호 11-1352000-000137-10.

Harry R. Lamb, and Leona L. Bachrach, "Some Perspectives on Deinstitutionalization," *Psychiatric services* 52(8), Sep 2001, pp. 1039-1045.

Daniel Yohanna, "Deinstitutionalization of People with Mental Illness:

Causes and Consequences," *Virtual Mentor* 15(10), Oct 2013, pp. 886-891.

19 혼인 기간별 이혼 건수

Fabian Drixler, *Mabiki: Infanticide and Population Growth in Eastern Japan, 1660-1950*, University of California Press, 2013.

최규진, 「낙태에 대한 개방적 접근의 필요성」, 《생명, 윤리와 정책》 제2권 제1호, 2018년, 1-18쪽.

한국 보건 사회 연구원, 「인공 임신 중절 실태 조사」, 2018년 11월, 발간 등록 번호 11-1352000-002436-01.

신유나, 최규진, 「모자 보건법 제14조(인공 임신 중절 수술의 허용 한계)의 역사」, 《비판 사회 정책》 제66호, 2020년, 93-130쪽.

이성용, 「최적 가임기 기혼 여성의 인공 임신 중절에 부부의 사회 경제적 지위가 미치는 영향」, 《보건 정보 통계 학회지》 제44권 제2호, 2019년, 152-159쪽.

통계청, 「인구 동향 조사」, 국가 통계 승인 번호 제101003호.

대법원 2014. 7. 16. 선고 2012므2888 전원합의체 판결.

최원호, 「배우자의 상속 지분권 확대에 관한 연구」, 동의 대학교 대학원, 박사 학위 논문, 2017년.

김권, 「분할 연금 제도가 황혼 이혼율에 주는 영향에 대한 실증 분석」, 《한국 정책 논집》 제20권 제2호, 2020년, 1-9쪽.

이호선, 「한일 비교를 통한 황혼 이혼 남성 노인 적응 과정 연구」, 《일본 문화 연구》 제67호, 2018년, 293-330쪽.

이현심, 「황혼 이혼 여성 노인에 대한 사례 연구」,《노인 복지 연구》제68호, 2015년, 85-106쪽.

20 3년 이내 재범률

세인 바우어, 조영학 옮김, 『아메리칸 프리즌』(동아시아, 2022년).

Bureau of Justice Statistics, "Recidivism of Prisoners Released in 34 States in 2012: A 5-Year Follow-up Period(2012–2017)," U.S. Department of Justice, Office of Justice Programs' Special Report (Jul 2021).

법무부, 「2022 법무 연감」, 2023년 6월, 발간 등록 번호 11-1270000-000012-10.

법무부, 「2024 교정 통계 연보」, 2024년 6월, 발간 등록 번호 11-1271588-000001-10.

Bureau of Justice Statistics, "Prisoners in 2022 – Statistical Tables," U.S. Department of Justice, Office of Justice Programs' Special Report (Nov 2023).

Antonis Katsiyannis et al., "Adult Recidivism in United States: A Meta-analysis 1994-2015," *Journal of Child and Family Studies* 27(3), Mar 2018, pp. 686-696.

최혜송, 「엄벌주의와 형벌 포퓰리즘」, 충북대학교 대학원, 석사 학위 논문, 2020년.

Tim Arango, "Frustrated Californians May Be Ready for a Tougher Approach to Crime," *New York Times*, Jul 23, 2024.

Anita Mukherjee, "Impacts of Private Prison Contracting on Inmate Time Served and Recidivism," *American Economic Journal: Economic Policy* 13(2), May 2021, pp. 408-438.

찾아보기

261

263

숫자 한국

숫자 한국

1판 1쇄 찍음 2025년 1월 15일
1판 1쇄 펴냄 2025년 1월 31일

지은이 박한슬
펴낸이 박상준
펴낸곳 ㈜사이언스북스

출판등록 1997. 3. 24.(제16-1444호)
(06027) 서울특별시 강남구 도산대로1길 62
대표전화 515-2000, 팩시밀리 515-2007
편집부 517-4263, 팩시밀리 514-2329
www.sciencebooks.co.kr

ISBN 979-11-94087-06-9 03400